中等职业教育改革创新示范教材

中等职业教育设计艺术系列教材

总主编：刘怀敏　执行主编：陈学文

室内设计基础（第2版）

主　编：施　鸣　副主编：苏　兵
参　编：陈世君　熊克强

重庆大学出版社

图书在版编目（CIP）数据

室内设计基础/施鸣主编.—重庆：重庆大学
出版社，2011.1（2025.7重印）
（中等职业教育设计艺术系列教材）
ISBN 978-7-5624-5252-2

Ⅰ.①室⋯ Ⅱ.①施⋯ Ⅲ.室内设计—专
业学校—教材 Ⅳ.①TU 238

中国版本图书馆CIP数据核字（2010）第003184号

中等职业教育设计艺术系列教材

室内设计基础（第2版）

主 编 施 鸣
副主编 苏 兵
参 编 陈世君 熊克强
责任编辑：蹇 佳 刘雯娜 版式设计：刘 洋
责任校对：关德强 责任印制：张 策

*

重庆大学出版社出版发行
社址：重庆市沙坪坝区大学城西路21号
邮编：401331
电话：（023）88617190 88617185（中小学）
传真：（023）88617186 88617156
网址：http://www.cqup.com.cn
邮箱：fxk@cqup.com.cn（营销中心）
全国新华书店经销
重庆长虹印务有限公司印刷

*

开本：787mm×1092mm 1/16 印张：7.5 字数：187千
2011年1月第1版 2014年10月第2版 2025年7月第5次印刷（总第6次印刷）
印数：11 001—12 000
ISBN 978-7-5624-5252-2 定价：35.00 元

中等职业教育设计艺术系列教材
编审委员会

顾　　问：李光旭　张贤刚　张世华　李　平　何光海　李　益　喻中一

主　　任：吴小兰

副 主 任：刘大康　陈　真　朱　庆　田晓萍　贺光义　屈景河　向跃进
　　　　　陈学文　周绍林　刘吉平　蔡信基　左国全　高红梅　孙全良
　　　　　刘华伦　谢东枚　叶天福　王曦川　陈　果　桂　兵　王利江

委　　员：刘怀敏　王江平　吕桂红　肖良炎　施　鸣　汤永忠　郑　强
　　　　　林　敏　谭　鹏　尹晓灵　潘　娟　周裕梅　张春燕　肖道行
　　　　　朱传书　杨　静　胡荣江　陈雅娟　江　华　方　丹　冯　军
　　　　　黄　琦　吴小进　薛千万　杨芳丽　费明卫　袁　海　王鸿君
　　　　　魏　勇　杨　勇　张　颖　秦　微　车全啟　申　芸　高　翔
　　　　　吴　娜　向文静　黄林波　王　燕　冉锦渊　李　华　余洪英

·序·

职业艺术设计教育，已成为我国教育中一个重要的组成部分。在实用、够用、适度的基础上，更加强调对学生的技能性的知识培养。对学生未来服务于社会，促进国民经济发展也有着不可忽视的作用。所以，在职业艺术设计的教学理念、课程设置、师资队伍建设方面也需要进一步加强，特别是教材的深化开发建设，对于引导整个艺术设计教学质量的提升、教学目标的实现更是具有举足轻重的意义。

这次由重庆市职业教育学会体艺委员会、重庆市中专教育学会美育研究会与重庆大学出版社合作编写的这套艺术类的系列教材，就是在社会发展的需求下，职业艺术设计教育亟待新教材的现状下所产生的。她以其创造性、实用性、可操作性的原则来统领整套系列教材的编写，突破了沉长的理论灌输或是单纯的美术"技巧"表现的传统教材形式，充分地体现出职业艺术设计教学的特点。教材内容的组织以设计基础知识、专业技能实训、案例应用赏析几大板块来构成。在编排结构上，以学习任务的方式来构建连接多个篇章节，使之整套教材目标清晰明确，简洁实用，力显出视野广、观念新、应用强的独有特色。

为了确保此系列教材的权威性和应用性，我们特邀请了在职业院校、中职中专艺术设计教学领域里，具有丰富实践经验的一线教师作为教材的顾问和编写成员，我相信，以他们的专业能力和实践经验，呈现出的必将是一套引领于中职中专艺术设计教学的高水平教材。

刘怀敏

2009年7月

·前 言·

　　《室内设计基础》是以中等职业教育、城镇职工培训、农村劳动力培训、下岗失业人员再就业培训为对象而编写的一本基础教材,旨在让受培训者能在短时间内掌握一门就业的基本入行知识。

　　室内设计是一门年轻的学科,也是一门实用性、综合性很强的学科,所涉及的知识深而广。按室内设计师的基本职业要求,应掌握的知识有美学知识、装饰材料知识、人体工程学知识、建筑学知识、心理学知识等。考虑到中职层面教学对知识的要求和掌握的程度,难以对上述学科知识面面俱到,所以只是将室内设计最核心的几个知识点纳入本教材内容,使受培训者在短时间内对室内设计的实用知识有个初步的全面了解,引导学生或受训者进入本专业的初级阶段学习。

　　为了适应中等职业教育的特点,培养应用型设计人才和操作性技术人才,突出教学的实用性、实践性,本教材以中等职业教育课时量为依据而确定所学知识内容的容量。重点强调突出几个知识节点,并以单元式教学形式,明确每个教学环节的主要任务、问题及解决方法,力求达到浅显易懂、易学、易掌握的基本要求,并贴近中职学生心理模式教学,期待收到良好的效果。

　　本教材是中等职业教育的探索性教材,具有尝试性,难免会有不足之处,希望全国中职教育协会以及专业学者、教育界的前辈与同仁不吝赐教。

　　最后,向在编写本教材过程中给予大力支持的重庆工业职业管理学院刘怀敏教授,重庆大学出版社周晓、蹇佳以及所使用到的参考文献的各位作者致以诚挚的谢意!

编　者

2010年12月

CONTENTS

目 录

基础篇

[综　述]

　　室内设计，顾名思义是指对建筑物内部空间及构成空间的界面，根据建筑物的使用性质、环境，以物质和技术为手段，创造出空间尺度宜人，环境优美，装潢舒适，功能合理，能满足人们生产，生活的安全需求（即满足人们物质和精神生活需要）的室内环境。

　　城市作为集人类生产、生活为一身的生活空间聚合体，也是一个多功能聚合的生态环境。各种功能的建筑大量兴建，高层、超高层建筑的发展，使城市空间更趋巨大化的同时也改变着城市的空间尺度，改变着人与环境的尺度关系，随着城市化的进程，在不断改变城市本身面貌的同时也改变着人们生产、生活环境与空间，人们生活其中，对它的功能、空间、环境必然会提出更高的要求。

基础任务一
室内设计的概述

1．室内设计的含义和目的

　　处理自然与人和社会的关系，即通过空间环境的设计改善人类的生存条件，是室内设计最重要的目的。室内设计在空间环境系统中，是与人的关系最为直接、最为密切和至关重要的方面。室内设计的根本任务，就在于满足人们从生产、生活角度出发，对物质和精神的需求所进行的理想的建筑内部空间的环境设计（表1-1）。室内设计的目的是改善人类生存环境的物质条件，提高生活质量，即创造满足人们物质和精神生活需要的室内环境。

表 1-1
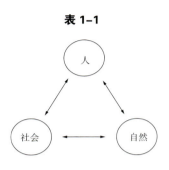

2．室内设计的意义

　　室内设计即对建筑内部空间进行的设计，是根据建筑内部空间的性质，运用物质手段和艺术处理手法，创造出功能合理，美观舒适，符合使用者生理、心理要求的室内环境设计（图1-1、图1-2）。

　　室内设计是实践性很强的学科，学习室内设计应该从以下四个方面的学科知识入手：

　　第一，建筑知识。由于室内设计是在建筑内部空间中进行的，是对建筑功能的延伸设计，所以设计前应考虑到装修对建筑的影响，好的设计可以对建筑起到保护作用，使建筑的使用寿命得到延长；反之，乱凿、乱挖，随意改变建筑的主体结构和使用功能，轻者会改变建筑的总体构造美，重者会降低建筑的使用寿命以致毁损，甚至倾覆，给人们的生命财产带来损失。因此，设计之前必须了解建筑的基本构造情况和《建筑法》，在其规定内对建筑进行合法改善，才能保障建筑物与人身安全。

图1-1　城市鸟瞰

图1-2　城市建筑

图1-3 古埃及神庙

图1-4 中世纪欧洲教堂

另一方面，要学习建筑制图、识图，按规范制图，正确使用建筑制图的标准语言才能与各工种施工人员、设计师等进行交流，所以室内设计师必须学习并掌握建筑制图规范（图1-3、图1-4）。

第二，美学知识。室内设计的目的是改善环境的物质条件，满足人们的使用功能和审美功能，所以室内设计师必须懂得运用美学的一般法则，去解决室内的空间形态、界面造型、色彩、灯光、家具、饰品等组合的和谐关系，从而创造一个有个性特点、有整体效果的室内空间。

第三，装饰材料知识。装饰材料的运用是室内环境给人的第一印象，直接反映设计师的设计水平，是室内整体效果的直接表达。室内设计师应该熟悉了解各种装饰材料的规格、性能、品种、纹理、质感、价格，才能在设计中应用自如，并有效控制工程造价，从而提高性价比和艺术水平，满足客户需求。

除此之外，室内设计师还应懂得装修的施工工艺，以保证设计的可行性、可靠性，从而提高设计质量。

第四，人体工程学知识。人的生活环境是建立在以人为本的基本设计理念上进行的创造性思维活动，设计师必须懂得人机工学，熟悉人体动、静态尺寸，视觉尺度，心理尺度，行为尺度等。室内设计的首要任务就是满足人们在环境中的使用功能，以方便、舒适、宜人为宗旨。一位德国学者曾说过："现代室内设计应以看到的东西越少，但功能不少为基本理念。"他所强调的功能重要性就是人体工程学的精髓。

当然，对一个高水平的室内设计师来说，应具备的学科知识远不止这些，他还应该了解：心理学、现代风水学、宗教、民俗民风、天文、地理等方面的知识。总而言之，上述四个方面的知识是初学室内设计者必须了解和掌握的基本学科知识，应引起足够重视，只有如此，才能在室内设计中发挥自如。

3．室内设计的范围

历史上，室内设计曾长期隶属于建筑设计并充当建筑装饰的角色。随着工业化进程的加快，社会分工更加明细，室内设计终于从长期被建筑设计所替代的状态下发展独立出来，成为一门专业性强、发展迅速的新兴边缘学科。室内设计专业经历了较长的实践与认识之后，人们才逐渐认识到"室内装饰"与"室内设计"二者之间的区别。

（1）室内装饰

目的在于美化，在建筑师提供的建筑空间内部，对空间围护（界面）表面进行绘画、雕刻、雕塑和涂脂抹粉的装点修饰。历史上中国式的雕梁画栋、欧洲巴洛克和洛可可式的手工制作竭尽装饰之能事，则是被称为"室内装饰"的典型做法。

（2）室内设计

随着工业化大生产的发展，现代设计艺术逐渐兴起，"室内装饰"一词难以准确表达其含义，代之以更为有计划性和理论性的便是"室内设计"。室内设计按照不同的室内功能需求，从建筑的内部去把握空间，按需要设计其形状大小和尺度，根据空间的使用性质和所处环境，运用物质技术及艺术手段，创造出功能合理，舒适美观，符合人的生理、心理需求，使人们心情愉悦，便于生活、工作和学习的理想场所。综上所述，室内设计是技术与艺术相结合的、功能与形式并重的室内空间环境设计艺术。

4．室内设计的内容

室内设计是一门综合知识性很强的学科，虽然专业涵盖面较广，但是可以概括归纳为四个部分：

（1）空间形象设计

这是我们常说的空间设计，是对建筑所提供的内部空间进行再深化的处理，在建筑设计的基础上进一步深入设计和调整空间的比例和尺度、空间形态；调整空间形式和构成；解决好空间与空间之间的衔接、对比、统一等问题。

（2）室内装修设计

主要是按照空间处理的要求，针对空间围护体的几个界面如墙面、地面、天棚（包括对分割空间的实体、半实体）的处理，即对建筑构造体的有关部分进行改造处理。

（3）室内物理环境设计

这是对室内采暖、通风、室内光环境、室内体感气候、干湿度调节等方面的设计，是现代室内设计中极为重要的方面，也是"以人为本"设计中最根本的要求。随着科学技术的不断发展与应用，它已经成为衡量环境质量的重要内容。

（4）室内陈设艺术设计

主要是对室内家具、饰品、设备、绿化、陈设艺术品、灯具、织物等，依据空间设计要求进行的艺术设计和处理。

5. 室内设计的分类

室内设计的分类，概括起来可大致分为以下三类：

（1）人居环境室内设计

包括公寓式住宅、别墅式住宅、院落式住宅、集合式住宅、宿舍等人居室内空间以及组成该空间的相应的功能空间。如门厅、起居室、书房、卧室、厨房、卫浴等功能空间的设计。

（2）限定性公共空间设计

所谓限定性公共空间是指对空间功能有所要求和限定、功能指向性明确的公共空间。如学校、办公楼、医院、幼儿园等指定其功能的公共空间及其附属空间的设计。

（3）非限定性公共空间室内设计

主要是指空间功能具有多样性、模糊性、不确定性的公共空间，他们具有空间共享的特征，多为现代公共商业空间。如宾馆、酒店、影剧院、娱乐厅、车站、综合商业设施等公共空间的设计。

室内设计的特殊性要求设计师必须具备较高的艺术修养，并能了解和掌握现代科学技术与材料、工艺等相关知识，同时具有解决处理实际问题的能力。随着室内设计专业的发展，现代室内设计按专业分工，设计范围可大致分为以下三类：

①以空间设计为中心，并指导室内所有部分设计的统一性，对空间的形态、尺度、比例，对室内环境的气候、采光、照明以及对生活其中的人们所需要的生理、心理感受进行综合判断和选择，被称为"室内建筑师"。它是在建筑内部空间开展建筑师的工作。

②对建筑内部空间界面进行表面装饰设计，以及对室内陈设进行艺术设计的，按室内装饰需求进行工作的室内装饰设计。

③设计室内使用的家具、器物和构成物等，其设计多数是在工厂生产或工作室里加工制作，因此其工作可称为室内产品设计。

作业名称：理论学习

作业形式：课堂讨论，简单叙述。

作业内容：什么叫室内设计？室内设计的目的、意义、内容和范围有哪些？室内设计师应具备哪几个主要方面的学科知识？

基础任务二
室内设计的制图

1. 建筑的基本构造形式

（1）木架结构

木架结构的建筑是由柱、梁、檩、枋等构件，形成框架来承受屋面、楼面的荷载以及风力、地震力。墙并不承重，只起围蔽、分隔和稳定柱子的作用．空间的自由组合度比较宽。我国的木架结构建筑主要有抬梁式和穿斗式两种（图1-5）。

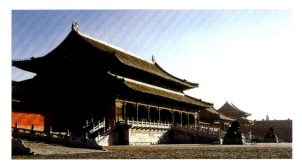

图1-5 北京故宫太和门（《中国美术全集·宫殿建筑》）

图1-6 北京昌平明十三陵碑亭（《中国美术全集·陵墓建筑》）

（2）砖混结构

砖混结构是指建筑物中竖向承重结构的墙、附壁柱等采用砖或砌块砌筑，柱、梁、楼板、屋面板、桁架等采用钢筋混凝土结构。通俗地讲，砖混结构是以小部分钢筋混凝土及大部分砖墙承重的结构，故又称钢筋混凝土混合结构（图1-6）。

（3）混凝土结构

混凝土结构包括素混凝土结构、钢筋混凝土结构和预应力混凝土结构。钢筋混凝土结构和预应力混凝土结构都是由混凝土和钢筋组成。钢筋混凝土结构是应用最广泛的结构，除一般的工业与民用建筑外，许多特种结构（如水塔、水池、高烟囱等）都是用钢筋混凝土建造的（图1-7）。

（4）钢结构

钢结构是以钢材制作为主的结构，是主要的建筑结构类型之一。钢材的特点是强度高、自重轻、刚度大，故用于建造大跨度和超高、超重型

图1-7 光之教堂（安藤忠雄）

的建筑；材料塑性、韧性好，可有较大变形，能很好地承受动力荷载；建筑工期短；工业化程度高，可进行机械化程度高的专业化生产；加工精度高、效率高、密闭性好。其缺点是耐火性和耐腐性较差。钢结构主要应用于重型车间的承重骨架、受动力荷载作用的厂房结构、板壳结构、高耸电视塔和桅杆结构、桥梁和库等大跨结构、高层和超高层建筑等（图1-8）。

室内设计是在不同结构的建筑内进行设计的，所以了解各种建筑的构造形式非常必要。

图1-8　中山　岐江公园

2．建筑制图规范

对于图纸幅面的大小，图样的格式、内容、画法、尺寸标注、技术要求、图例符号等，国家都有统一的规定。我国早在1959年就颁布了国家《机械制图标准》，并在2001年颁布和修订了国家《建筑制图标准》（GB/T 50104—2001）。下面分别介绍建筑制图标中常用的内容和规定。

（1）图纸的幅面、标题栏及会签栏

为了方便管理、合理利用图纸，图纸幅面规定有五种尺寸（表1-2）。

表1-2　幅面及边框尺寸

尺寸代号 ＼ 幅面尺寸	A0	A1	A2	A3	A4
B×L	841×1 189	594×841	420×594	294×420	210×297
c	10			5	
a	25				

一般情况下，同一系列、某一项目的图纸以一种图幅为主，避免大小图幅混用。图纸的短边不得加长，而长边可以加长。以图纸的短边作为垂直边称为横式，以短边作为水平边称为立式（表1-3、表1-4）。

表 1-3　图纸幅面形式

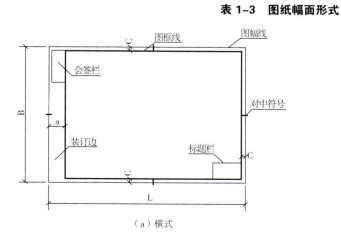

（a）横式

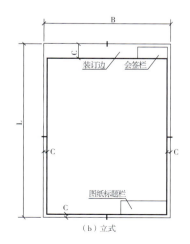

（b）立式

表1-4 图纸长边尺寸

幅面尺寸	长边尺寸	长边加长后的尺寸
A0	1189	1 486　1 635　1 783　1 932　2 080　2 230　2 378
A1	841	1 051　1 261　1 471　1 682　1 892　2 102
A2	594	743　891　1 041　1 189　1 338　1 486　1 635
A2	594	1 783　1 932　2 080
A3	420	630　841　1 051　1 261　1 471　1 682　1 892

每张图纸中的尺寸代号、图标及会签栏的位置都有明确的规定（表1-5）。

表1-5 图框线、标题栏线的宽度

幅面代号	图框线
A0　A1	1.4
A2　A3　A4	1.0
标题栏外框线	标题栏分割线会签栏线
0.7	0.35
0.7	0.35

（2）图线

图纸上的内容根据不同的性质、功能和侧重点，所使用的图线也有所不同。国家制图标准对各种图线的名称、线形、线宽和用途都作了明确的规定（表1-6）。

表1-6 图线的规范用法

图线名称	图线形式	图线宽度
实线	————————————	b (0.4~0.6mm)
粗实线	————————————	$1.5b$~$2b$
虚线	— — — — — — — —	$b/2$或更细
细实线	————————————	$b/2$或更细
点划线	—·—·—·—·—·—·—	$b/2$或更细
双点划线	—··—··—··—··—	$b/2$或更细
折断线	∿	$b/2$或更细
波浪线	～～～～～	$b/2$或更细

（3）工程字体

工程图样上所绘制的大部分为图形，但为了更准确地表达设计，还要有各种符号、字母代号、尺寸数字及技术要求或说明等（表1-7）。

《建筑制图标准》规定，汉字用长仿宋体，因为长仿宋体字体挺拔、字迹清晰，容易辨认和书写。字体高度和宽度的比例一般为3：2，数字和字母宜顺时针倾斜15度角，即字的中垂线与底线成75度角（表1-8）。

表1-7　长仿宋字高宽关系

字高（号）	20	14	10	7	5	3.5	2.5
字宽（mm）	14	10	7	5	3.5	2.5	1.8

表1-8　字体的书写形式

长仿宋	工程制图基础字体练习长仿宋体字迹清晰易辨
英文字母	A B C D E F G H I J K L M N O P Q R S T U V W X Y Z
斜体英文字母	*A B C D E* *F G H I J K L M N O P Q R S T U V W X Y Z*
数　字	0 1 2 3 4 5 6 7 8 9
斜体数字	*0 1 2 3 4 5 6 7 8 9*

（4）比例

图样的比例，即为图形与实物相对应的线形尺寸之比。例如1：1是表示图形大小与实物大小相同。1：100是表示100 m在图形中按比例缩小，只画成1 m。比例的大小，系指比值的大小，如1：50大于1：100。比例应以阿拉伯数字表示，如1：1，1：2，1：100等。比例宜注写在图名的右侧，其字号应比图名的字号小一号或小两号。比例尺上刻度所注的长度，就代表了要度量的实物长度，如1：100比例尺上1 m的刻度，就代表了1 m的实长。因为尺上的实际长度只有10 mm，所以用这种比例尺画出的图形尺寸是实物的1%，它们的关系是1：100，尺上每一小格代表0.1 m。在1：200的尺面上，每一小格代表0.2 m，每一大格代表1 m。同理，在1：500的尺面上，每一小格代表0.5 m，每一大格代表1 m（表1-9）。

表1-9　比例

常用比例	1：1，1：2，1：5，1：20，1：50，1：100，1：200，1：500
可用比例	1：3，1：15，1：25，1：30，1：40，1：60，1：150，1：250，1：300，1：400

（5）尺寸标注

图形只能表示物体的形状，各部分的实际大小及其相对位置必须用尺寸数字标明。尺寸数字是图样的组成部分，必须按规定注写清楚，力求完整、合理、清晰，否则会直接影响施工，给工程造成损失。

根据国际通用的管理和国标上的规定，各种设计图上标注的尺寸，除标高及总平面图以米（m）为单位，其余一律以毫米（mm）为单位。因此，设计图上尺寸数字都不用再标注单位。

《工程制图标准》中规定，图样上的尺寸应包括尺寸界线、尺寸线、尺寸起止符号和尺寸数字（图1-9）。

①尺寸的注法。尺寸界线用细实线，一般应与被注长度垂直，其一端离开图样轮廓线不小于20 mm，另一端超出尺寸线2~3 mm。必要时图样轮廓线可用作尺寸界线（图1-10）。

尺寸线所用的细实线应与被注长度的方向平行，且不宜超出尺寸界线。另外，任何图形轮廓线均不得用尺寸线。

尺寸起止符号一般应用中粗斜短线绘制。其倾斜方向应与尺寸界线成顺时针45度角，长度应为2~3 mm。图中的半径、直径、角度与弧长的尺寸起止符号，宜用箭头表示（图1-11）。

图样上的尺寸，应该以尺寸数字为基准，不得从图上直接量取。尺寸数字的读数方向应按规定注写，尺寸数字应依据其读数方向注写在靠近尺寸线的上方中部。如没有足够的位置注写，最外边的尺寸数字可注写在尺寸界线的外侧，中间相邻的尺寸数字可错开注写，也可引出注写（图1-12）。

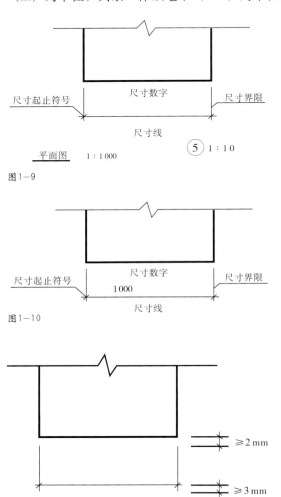

图1-9

图1-10

图1-11

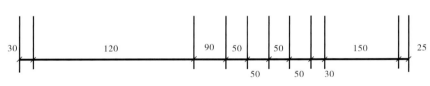

图1-12

图线不得穿过尺寸数字，如不可避免时，应将尺寸数字的图线断开（图1-13）。

②相互平行的尺寸线，应从被注的图样轮廓线由近向远整齐排列，小尺寸线应离轮廓线较近，大尺寸线应离轮廓线较远。图样最外轮廓线距最近尺寸线的距离不宜小于10 mm，平行排列的尺寸线间距宜为7～10 mm，并应保持所指部位。中间的尺寸界线可稍短，但其长度应相等（图1-14）。

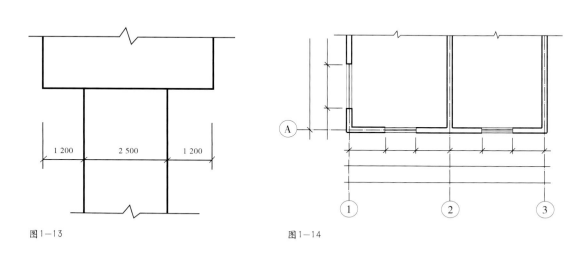

图1-13   图1-14

③半径、直径、角度的注法。半径的尺寸线，应一端从圆心开始，另一端画出箭头指至圆弧。半径的数字前应加注半径符号"R"。较小圆弧半径的标注可引出图外。标注圆的直径尺寸时，应在直径数字前加注符号"Φ"。在圆内标注的直径尺寸线应通过圆心，两端画箭头指至圆弧。较小圆的直径尺寸，可标注在圆外。角度的尺寸线应以圆弧线表示，该圆弧的圆心应是该角的顶点，角的两个边为尺寸界线。角度的起止符号应以箭头表示，如没有足够位置画箭头，可用圆点代替。角度数字应水平方向注写（图1-15）。

（6）定位轴线

定位轴线是用来确定房屋主要结构或构建的位置及其尺寸的。在施工图中，承重墙、柱、梁、屋架等主要承重构件的位置处均需画上定位轴线，并进行编号，作为设计与施工放线的依据。平面图上的定位轴线编号，标注在图样的下方与左侧圆内。横向编号应用阿拉伯数字，以从左至右顺序编写。《建筑制图标准》中规定：竖向编号应用大写英文字母，以从下至上顺序编写；英文字母I，O，Z不得用作定位轴线编号；如果字母数量不够使用，可增用双字母或单字母加数位注脚，如AA，BB，…，YY或A_1，B_1，…，Y_1；定位轴线应用细实线或细点划线绘制，编号注写在端部末端的圆内，圆用细实线绘制，直径应为8 mm，详图上可增为10 mm；定位轴线圆的圆心应在定位轴线的延长线或折线上（图1-16）。

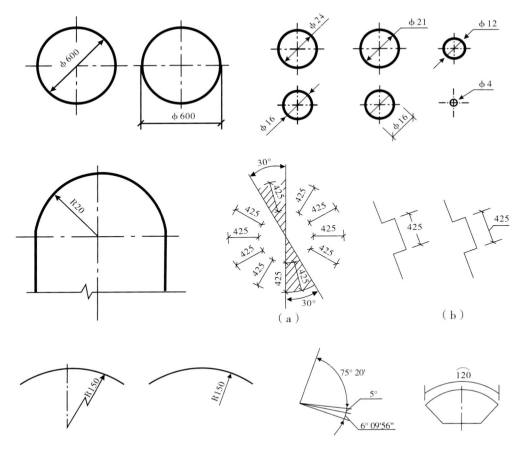

图1—15

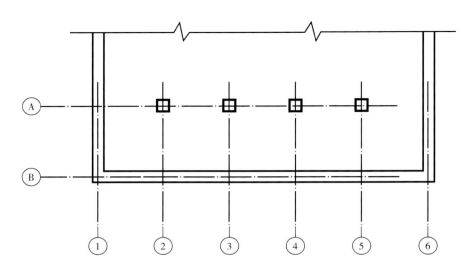

图1—16

（7）标高

标高是用以表明房屋各部分高度的标注方法，如室内外地面、窗台、门窗上沿、雨篷和檐口地面、各层楼板上皮以及女儿墙顶面等。《建筑制图标准》中规定，建筑物图样上的标高符号应以细实线绘制。标高符号的尖端应指至被注的高度，尖端可向下也可向上。标高数字应以米为单位，注写到小数点后第三位；在总平面图中，可注写到小数点后第二位。

标高分绝对标高和相对标高两种。我国规定将青岛的黄海平均海平面定位为绝对标高的零点，其他各地标高都以此为基准。一般建筑施工图都使用相对标高，即以首层室内地面高度为相对标高的零点。零点标高应注写成±0.00，高于它的为正，正数标高不注"＋"；低于它的为负，负数标高应注"－"。例如3.00，−0.600（图1−17）。

（8）指北针

指北针主要在总平面图和首层的建筑平面图中指明建筑物的朝向。指北针宜用细实线绘制，圆的直径为24 mm，指针尾部的宽度为3 mm；需用较大直径绘制指北针时，指针尾部的宽度宜为直径的1/8，尖端部位写上"北"字（图1−18）。

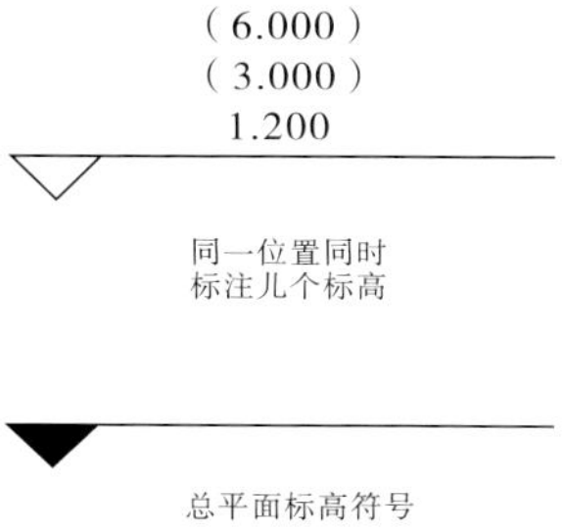

（6.000）
（3.000）
1.200
同一位置同时
标注几个标高

总平面标高符号

图1−17

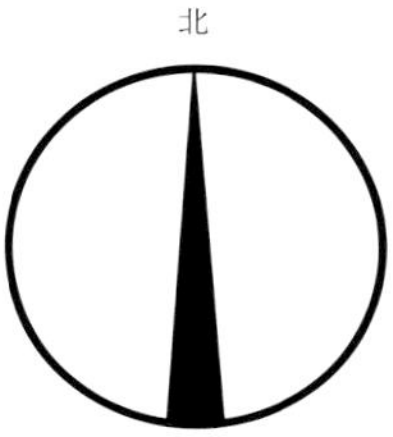

北

图1−18

（9）索引与详图符号

国家制图规范中规定了索引与详图符号，分别注明在放大引出部位和详图处。索引符号，即需放大引出部位的符号，用小圆圈表示，其圆及直径均应以细实线绘制，圆的直径应为10 mm。索引符号应按以下规定编写：

①索引出的详图，如与被索引的图样同在一张图纸内，应在索引符号的下半圆中间画一水平实线。

②索引出的详图，如与被索引的图样不在同一张图纸上，应在索引符号的下半圆用阿拉伯数字标明该详图所在图纸的编号。

③索引出的详图，如采用标准图，应在索引符号水平直径的延长线上加注图册的编号。

④索引出的详图，如在所在的全张图纸上，应在索引符号的上半圆中间画一水平线。

索引符号如用于索引剖面详图，应在被剖切的部位绘制剖切位置线，并以引出线引出索引符号，引出线所在的一侧应为剖视方向，用粗短线表示。索引符号的编写与前面的规定相同。

详图的位置和编号，应以详图符号表示。详图符号应以粗实线绘制，直径为14 mm。详图应按下列规定编号：

①详图与被索引的图样同在一张图纸内时，应在详图符号内用阿拉伯数字注明详图的编号（图1−19）。

②详图与被索引的图样不在同一张图纸内，可用细实线在详图符号内画一水平直径，在上半圆中注明详图编号，在下半圆中注明被索引图纸的编号（图1−20）。

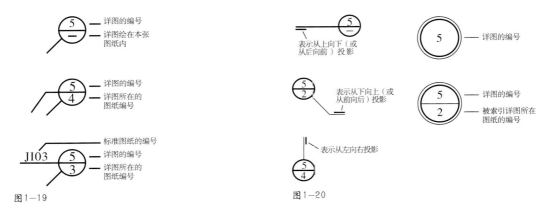

图1—19

图1—20

（10）对称符号及连接符号

对称符号应用细实线绘制，并行线的长度宜为6～10 mm，间距宜为2～3 mm。平等线在对称线的两侧应相等（图1—21）。

（11）常用图例和符号（表1—10）

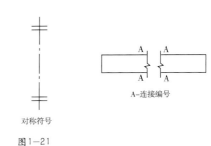

A—连接编号

对称符号

图1—21

表1–10

名　称	图　例	备　注
空心砖		指非承重砖砌体
耐火砖		包括耐酸砖砌体
饰面砖		包括铺地砖、马赛克、陶瓷锦砖、人造大理石等
焦渣、矿渣		包括与水泥、石灰等混合而成的材料
混凝土		1.本图例指能承重的混凝土及钢筋混凝土 2.包括各种强度等级、骨料、添加剂的混凝土
钢筋混凝土		3.在剖面图上画出钢筋时，不画图例线 4.断面图形小，不易画出图例线时，可涂黑
多孔材料		包括水泥珍珠岩、沥青珍珠岩、泡沫混凝土、非承重加气混凝土、软木制品等

名　称	图　例	备　注
纤维材料	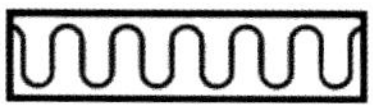	包括矿棉、岩棉、玻璃棉、麻丝、木丝板、纤维板等
泡沫塑料材料	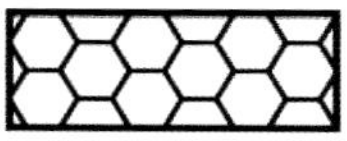	包括聚苯乙烯、聚乙烯、聚氨酯等多孔聚合物类材料
木　材	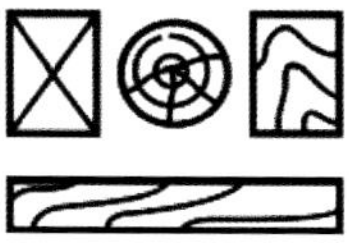	1. 上图为断面，上左图为垫木、木砖或木龙骨 2. 下图为纵断面
胶合板	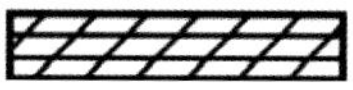	应注明为×层胶合板
石膏板	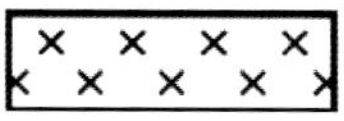	包括圆孔、方孔石膏板、防水石膏板等
金　属	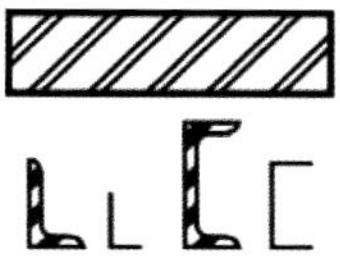	1. 包括各种金属 2. 图形小时，可涂黑
网状材料		1. 包括金属、塑料网状材料 2. 应注明具体材料名称
液　体	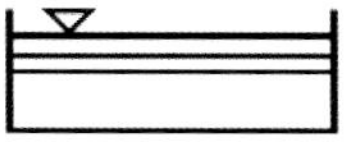	应注明具体液体名称
玻　璃	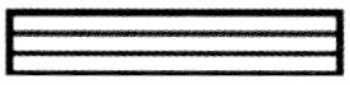	包括平板玻璃、磨砂玻璃、夹丝玻璃、钢化玻璃、中空玻璃、加层玻璃、镀膜玻璃等
橡　胶		
塑　料		包括各种软、硬塑料及有机玻璃等
防水材料		构造层次多或比例大时，采用上面图例
粉　刷		本图例采用较稀的点
自然土壤		包括各种自然土壤
夯实土壤		

续表

名　称	图　例	备　注
砂、灰土		靠近轮廓线绘较密的点
沙砾石、碎砖三合土		
石　材	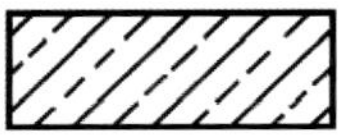	
毛　石		
普通砖	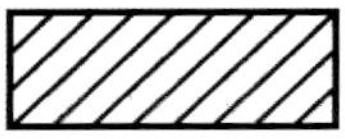	包括实用砖、多孔砖、砌块等砌体。断面较窄不易绘出图例线时，可涂红
单扇双面弹簧门	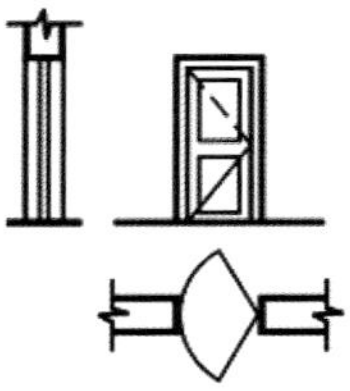	
双扇双面弹簧门	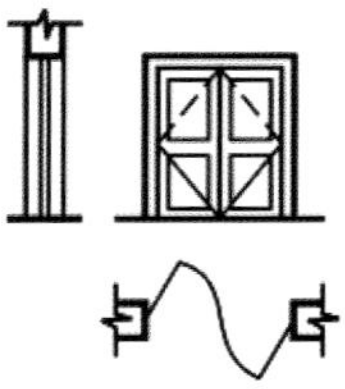	1. 门的名称代号用M表示 2. 图例中剖面图左为外，右为内；平面图下为外，上为内 3. 平面图上门线应90°或45°开启，开启弧线宜绘出 4. 立面图上开启方向线交角的一侧为安装合页的一侧，实线为开，虚线为内开 5. 立面图上的开启线在一般设计图中可不表示，在详图及室内设计图上应表示 6. 立面形式应按照实际情况绘制
单扇内外开双层门（包括平开或单面弹簧门）	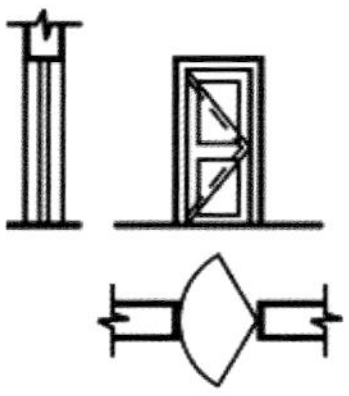	
双扇内外开双层门（包括平开或单面弹簧门）	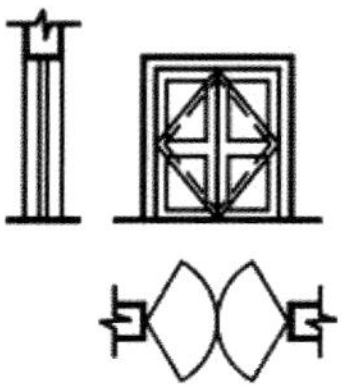	

名　称	图　例	备　注
中层外开上悬门		
单层中悬窗		1. 窗的名称用C表示 2. 立面图中的斜线表示窗的开启方向，实线为外开，虚线为内开；开启方向线交角的一侧为安长合页的一侧，一般设计图中可不表示 3. 图例中，剖面图所示左为外，右为内；平面图所示下为外，上为内 4. 平面图和剖面图上的虚线仅说明开关方式，在设计图中不需表示 5. 窗的立面形式应按实际绘制 6. 小比例绘制图时，平、剖面的窗线可用单粗实线表示
单层内开下悬窗	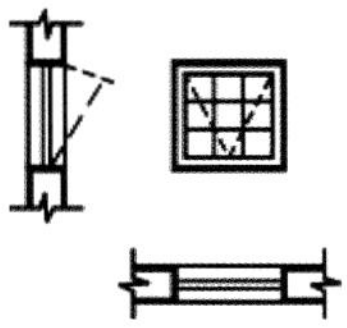	
立转窗	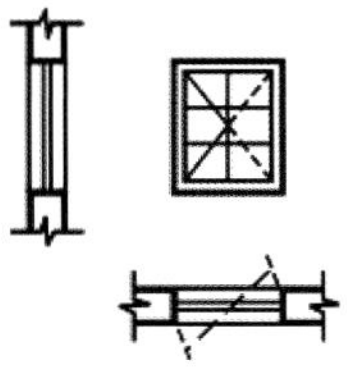	
墙　体	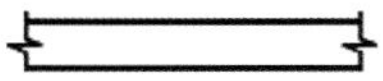	应加注文字或填充图例表示墙体材料。在项目涉及图纸说明中列材料图例表给予说明
隔　断		1. 包括板条抹灰、木制、石膏板、金属材料等隔断 2. 实用于到顶与不到顶隔断
栏　杆		
楼　梯	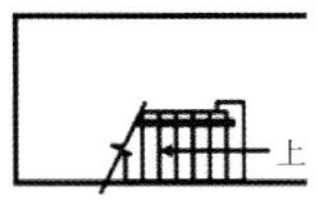	1. 上图为底层楼梯平面，中图为中间层楼梯平面，下图为顶层楼梯平面 2. 楼梯及栏杆扶手的形式和梯段踏步数应按实际情况绘制

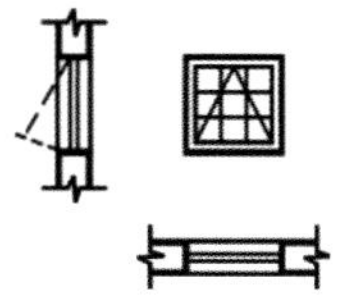

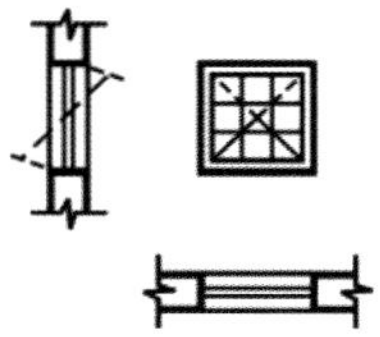

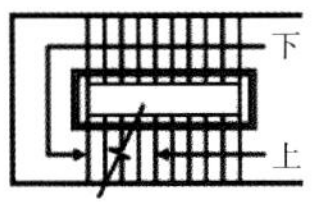

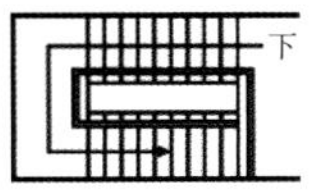

3. 三视图的表现

（1）关于正投影法

正投影法是指相互平行的投影线垂直于投影面，用这种方法画成的图形称为正投影图，又称为制图。用正投影法得到的正投影最大的优点，就是当平面平行投影面时，它的投影反映平面图形的本来形状和实际大小。视图就是根据这种科学方法画出来的（图1-22、图1-23）。

物体的一个投影只能反映某一个方面的形状，只有把不同方向的投影按一定位置配合起来，才能把物体的形状全面地表示出来。这种用几个正投影图共同表现一个立体实物的方法是工程制图的基本表现方法，建筑制图就是按照这种方法画出来的（图1-24至图1-27）。

（2）三视图的画法

利用上述所讲的正投影的原理，可以清晰地理解三视图的原理。三视图是工程中绘制物体形状的最基本的画法，由所画物体的主视图（反应物体的主要形状特征的图形）、俯视图（所画物体由上向下投影所得的图形）以及侧（左）视图（物体的主要侧面投影所得的图形）三个视图组成。

在三视图中，主视图反映所画物体的长和高，俯视图反映所画物体的长和宽，侧（左）视图反映所画物体的高和宽（图1-28至图1-31）。

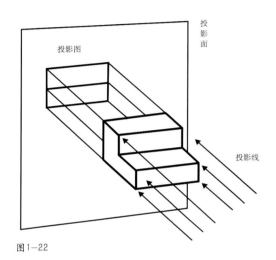

图1-22

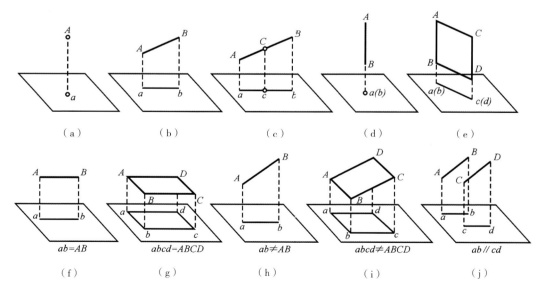

图1-23

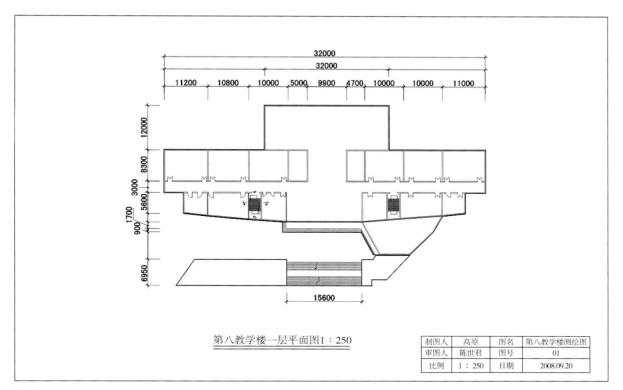

第八教学楼一层平面图1：250

制图人	高原	图名	第八教学楼测绘图
审图人	陈世君	图号	01
比例	1：250	日期	2008.09.20

图1-24

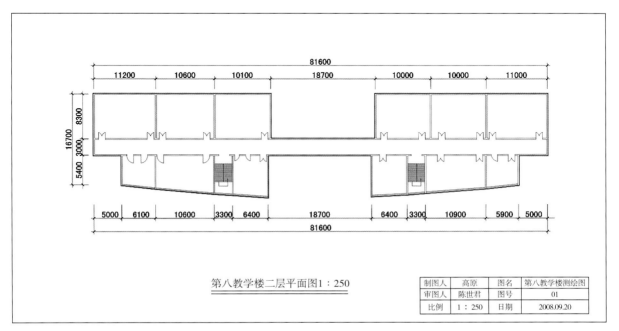

第八教学楼二层平面图1：250

制图人	高原	图名	第八教学楼测绘图
审图人	陈世君	图号	01
比例	1：250	日期	2008.09.20

图1-25

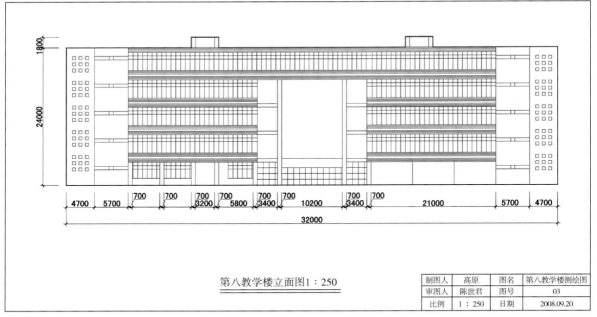

第八教学楼立面图1：250

制图人	高原	图名	第八教学楼测绘图
审图人	陈世君	图号	03
比例	1：250	日期	2008.09.20

图1-26

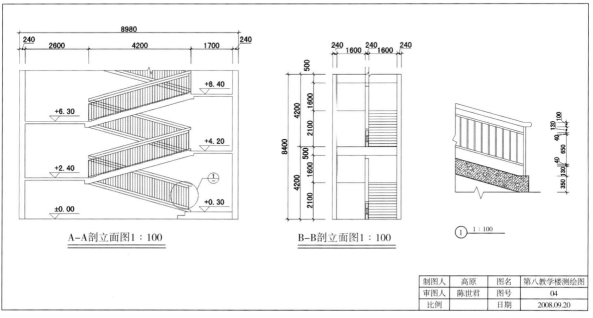

A-A剖立面图1：100

B-B剖立面图1：100

制图人	高原	图名	第八教学楼测绘图
审图人	陈世君	图号	04
比例		日期	2008.09.20

图1-27

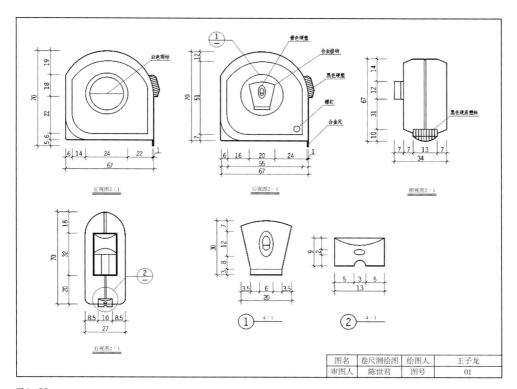

图名	卷尺测绘图	绘图人	王子龙
审图人	陈世君	图号	01

图1-28

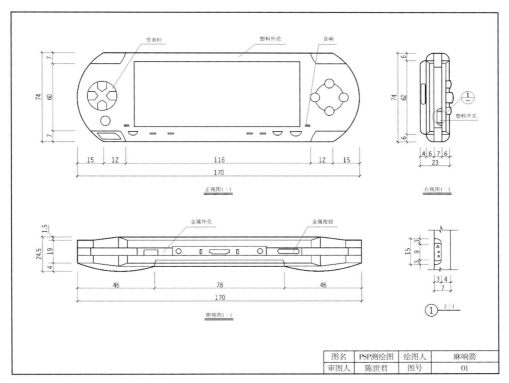

图名	PSP测绘图	绘图人	麻响箭
审图人	陈世君	图号	01

图1-29

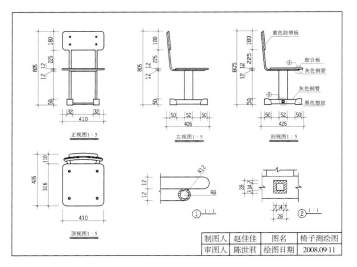

图1—30

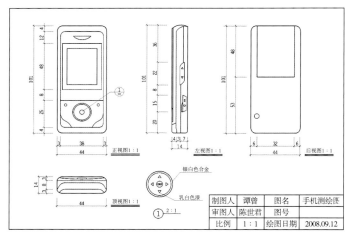

图1—31

通过绘制物体的三视图，可以对物体有基本的了解。但对于复杂的物体，需要增加右视图、仰视图、后视图。此外，对于内部结构复杂的物体，我们还需要掌握剖视图和剖面图的画法。

（3）剖视图、剖面图的画法

通常剖视图有全剖视、半剖视和局部剖视等几种，平时可根据需要进行选择，并画上剖视符号。剖视图可以清楚的表达物体内部形状，它采用假想剖切面剖开物体，将处在画者剖切面之间的部分移去，而将其余部分向投影面投影，如此所得的图形成为剖视图。

剖面图是假想用剖切平面将物体的某处切断，仅画出断面的图形。剖面图与剖视图的区别在于，剖面图只画出物体的断面形状，而剖视图是将处在画者和剖切平面之间的部分移去后，除了断面形状以外，还要画出物体留下部分的投影。

（4）大样图的画法

局部放大图是将物体的部分结构外观，用大于原图形所采用的比例画出的图形。局部放大图可画成视图、剖视图、剖面图几种形式，且应放在被放大图的附近。大样图常采用实际比例或比实际尺寸大的比例来绘制，以准确呈现其细部构造。

4．室内设计制图表达

（1）室内设计制图的内容

一般来讲，一套完整的室内设计工程图包含图纸目录、设计说明、室内设计施工图、结构施工图、设备施工图、电气施工图。

室内设计施工图应提供总平面图、单个房屋的平面图、立面图、剖面图和建筑构造或室内设计详图。室内设计施工图为室内设计施工提供了重要的尺寸、结构构造和外形依据。

结构施工图包含建筑物的墙体、楼板、屋面、梁（圈梁）、门窗过梁、柱子和全部基础的结构图纸。它主要提供房屋建筑承受外力作用部分的全部构造，重点应该说明的是建筑骨架的构造、连接关系、尺寸以及对使用材料的要求等。

设备施工图主要表现室内上水、下水、供暖、供气网络布线等管线的平面布置情况和设备安装情况。

电气施工图主要包括强电、弱电、网络等相关工程，它经常被比喻成建筑的神经系统（图1-32至图1-37）。

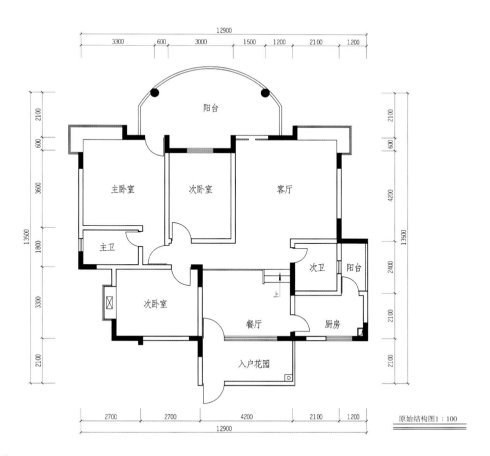

图1-32

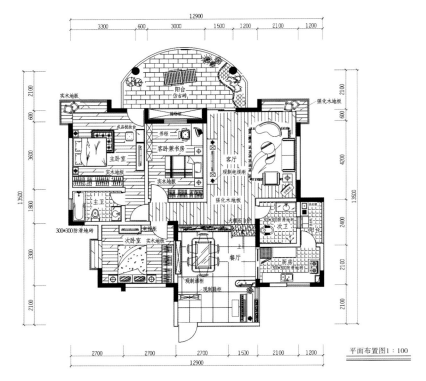

平面布置图1:100

图1-33

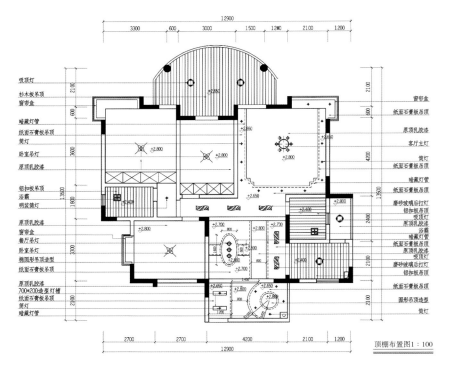

顶棚布置图1:100

图1-34

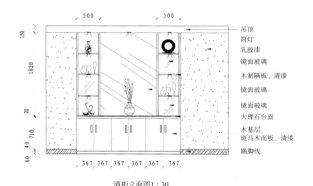

酒柜立面图 1 : 30

图 1—35

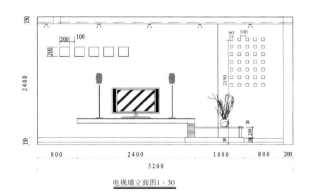

电视墙立面图 1 : 30

图 1—36

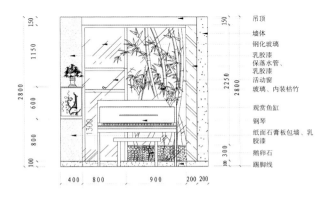

休闲区立面图 1 : 30

图 1—37

（2）室内设计制图的注意问题

阅读和绘制室内设计工程施工图时，首先要注意以下几个问题：

①掌握正投影的基本规律，具备正投影的读图能力，并会运用这种规律在头脑中将规模图形变成立体实物。同时，还要熟悉房屋建筑的基本结构，明确比例和实物之间的倍数关系。

②建筑物的内、外装修及构建、配件所使用的材料种类繁多，它们都是按照建筑制图国家标准规定的图例符号表示的，因此必须熟悉各种图例符号。

③图纸上的线条、符号、数字应相互核对，要把工程施工中平面图、立面图、剖面图和详图查阅清楚，还要与其他专业施工图中的所有相应部位核对一致。

5．透视图的表现

（1）透视的概述

①透视的概念。

透视（perspective）一词来源于拉丁文 perspicerc，意思是通过透明的介质看物象用线描绘下来，得到具有近大远小的图像，这个图像就是透视图，简称透视。透视图能在平面上表现三维空间的效果，能反映设计师的预想空间效果，它是室内设计制图的一项重要内容，也是设计师与客户沟通的重要手段。透视一般分为：一点透视、两点透视、三点透视。

②透视的基本术语和符号：

画面（P.P.）：垂直于基面的铅垂线（玻璃板）。

基面（G.P.）：放置物体的水平面（反应平面的投影）。

视平线（H.L.）：画面上等于视点高度

的水平线，或者说通过心点所引的水平线。

基线（G.L.）：基面与画面的交线。

视点（S.）：相当于人眼睛所在的位置，即投影中心。

站点（S.P.）：观察者站立的位置。

消失点（V.P.）：成角透视的两个灭点，即V.P1、V.P2 。

视高（H.）：视点到站点的距离。

距点（D.）：由视点到心点的距离，分别画在视平线上的心点左右两边，并称为左距点和右距点。

量点（M.）：以灭点为圆心，视点到灭点的距离为半径，弧与视平线的交点，即M_1、M_2。

视心线：心点与视点的连接，此段距离又称为视距。

透视线：汇聚于消失点的直线。

视平线、视心线（视距）、基线是作透视图的基本三线，因此，我们必须熟记并掌握。

（2）一点透视

一点透视也称为平行透视，即当画面平行建筑或建筑空间的主要墙面，即平行建筑物的高度方向和长度方向，画面产生一个灭点（消失点）所得到的投影图就是一点透视（图1-38至图1-40）。

（3）两点透视

两点透视又称为"成角透视"，是指物体有一组垂直线与画面平行，其他两组线均与画面成某一角度，而每组各有一个消失点，即共有两个消失点。两点透视的画面效果比较自由、活泼，能够比较真实地反映空间（图1-41）。

（4）三点透视

三点透视是指物体的三组线均与画面形成一定的角度，三组线消失于三个消失点。三点透视多用于表现高层建筑或俯瞰图（图1-42至图1-44）。

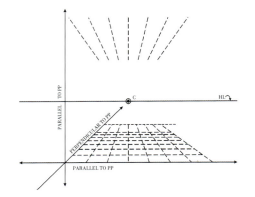

图1-38

图1-39 室内设计平面图 （李林浩 作）

①客厅
②餐厅
③楼梯
④洗手间
⑤客房
⑥酒吧娱乐区
⑦厨房
⑧工作室、书房
⑨会客区
⑩休闲平台
⑪储物间

图1-40 卧室一点透视效果图 （李林浩 作）

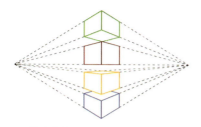

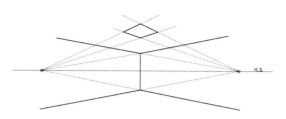

物体的亮点透视

空间的两点透视

餐厅两点透视图表现 （李林浩 作）

图1—41

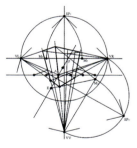

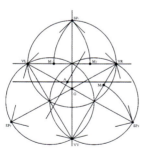

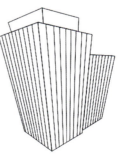

图1—42

图1—43

图1—44

1. 选择你身边物体绘制其三视图（如课桌、椅子、手机、mp4等），并对该物体某位置作1～2个放大图。（A3图纸1张）

2. 临摹室内设计工程图1——建筑结构图、平面布局图。（A3图纸2张）

3. 临摹室内设计工程图2——立面图3～4张。（A3图纸）

4. 测量教室并作教室的一点透视图。（A3图纸1张）

基础任务三
室内设计的表现

1．设计与设计表现

设计是一个创造性的活动过程，是设计师根据设定的条件，通过创造性思维，在头脑中构思出"具有新的品质和资格"的形态，而种种形态在思维过程中的表现往往是模糊的、不够肯定的，更无法直接显示出来。因此，设计必须借助于语言、文字、图形或具体的材料等方式，进行直接地表现和传达，这就是设计表现，就像作曲家把旋律写在五线谱上一样。设计表现是设计师必须掌握的一种特殊的语言形式，是设计师与人交流沟通的语言形式和桥梁。

在设计过程中，采用纸面上绘制图形的技法比用语言和文字明了、直观，是一种很有效的表现方法。这种表现技法可快速将头脑中模糊不定的意象固定，落实到纸面上，借此进一步研究、推敲、修改、完善。这种表现图的绘制过程本身就是构思的过程，构成了设计师推敲构思的一种重要手段，以使设计不断完善，臻于成熟。设计表现又不单单以表现构思为唯一目的，它同时还是训练和提高设计师对形态的认识能力和造型能力的有效手段，既是对形态认识的不断深化过程，又是对美的创造过程。因此，设计表现技法是设计师必须很好掌握和运用的一种技法。

设计离不开设计表现，设计表现的方法技巧也很多。从设计的过程和进程来讲，可大致分为草图、预想图、效果图、制图、模型、图表、说明书等。这些表现方法都具有各自的表现特点和作用，在实践中也往往被综合运用在设计表现中，但更能将设计思想与空间形态完美结合的表现形式莫过于预想图的表现技法，它可使我们得到比其他三维表现形式更为真实、生动、简便、快速的视觉形象。

2．设计表现图的常用工具与材料

设计表现图的绘制工具有很多，一般根据表现图的需要选用相应的工具。

（1）纸

纸的选择应随作图的形式来确定，绘图时必须熟悉各种纸的性能。根据不同性能，可将各种专业纸划分为素描纸、水彩纸、绘图纸、色版纸、卡纸、铜版纸等。绘图时，必须依据作图的形式和要表现的内容来选择相应性能的纸张，以使画面表现力更好。

（2）笔

笔的选择非常重要，不同的笔有不同的表现特色。一般应根据画面表现的需求和绘制方法来选用相应的笔（图1-45至图1-47）。

（3）颜料

颜料有很多种，常用的有水彩颜料、水粉颜料、透明水色、丙烯颜料等。一般应根据不同的表现技法和技巧选用相应的颜料。

（4）其他辅助工具

绘制表现图的辅助工具有很多，一般根据需要选用。常用的辅助工具有直尺、三角尺、曲线尺、辅助模版、切纸刀、橡皮擦、胶水等（图1-48）。

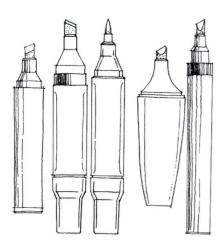

图1-45　常用的马克笔

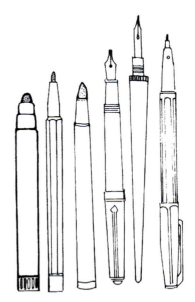

图1-47　常用的墨水笔

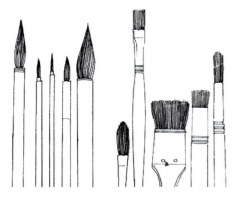

图1-46　常用的毛笔和画笔

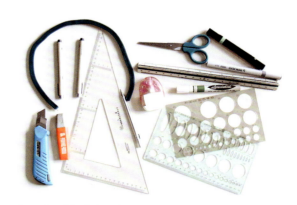

图1-48　其他常用工具

3．设计表现图的基本技巧、技法

表现图绘制技法可根据使用工具的种类进行划分，以下重点介绍几种常用的表现图绘制技法，以供参考、练习（图1-49）。

（1）钢笔、墨水笔表现技法作图步骤

①选择好相应纸张，起稿，确定透视。用钢笔或墨线笔勾勒出室内透视家具及器物轮廓，用线要简明精准（图1-50、图1-51）。

图1-49

图1-50

图1-51

②从空间和家具器物的暗部着手，用线的疏密表达出线、面关系，绘制出室内天、地、墙及家具器物的空间关系，层次和明暗关系。注意用线明快、流畅（图1-52、图1-53）。

图1-52

图1-53

③画出阴影及光影关系，强调画面层次与空间关系。用宽窄、疏密不同的线条，进一步强调家具和器物的空间关系、虚实关系。在室内加入相应的装饰物，如墙面的装饰画以及其他画面需要的装饰物件，使画面更加生动。调整收拾画面，直至完成作品（图1-54、图-55）。

图1-54

图1-55

（2）彩色铅笔表现技法作图步骤

①选择好相应的纸张，起稿，确定透视。用钢笔或墨线笔画出空间及家具、器物的透视和轮廓。要求用线精准（图1-56、图1-57）。

图1-56

图1-57

②从暗部入手画出室内家具、器物及空间的层次关系与空间关系（图1-58、图1-59）。

图1-58

图1-59

③画出室内家具、器物的固有色及色彩关系，画出室内界面的色彩关系及空间层次。注意色彩关系的表述要准确（图1-60、图1-61）。

图1-60

图1-61

④进一步调整画面色彩关系，画出室内装饰物件，调整画面，完成作品（图1-62、图1-63）。

图1-62   图1-63

（3）马克笔表现技法作图步骤

①选择好相应纸张，用铅笔起稿，确定透视。用钢笔或墨线画出空间透视及家具、器物轮廓（图1-64、图1-65）。

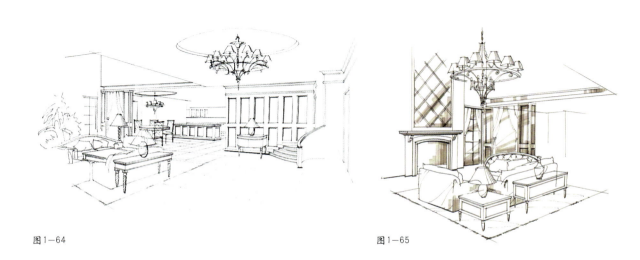

图1-64   图1-65

②用低纯度色彩马克笔画出室内空间及家具、器物的空间关系与层次（图1-66、图1-67）。

图1-66

图1-67

③画出室内家具、器物的固有色，天、地、墙面的色彩关系。注意色彩关系的表述要准确、简明。画出空间的层次关系、色彩关系（图1—68、图1—69）。

图1—68

图1—69

④调整画面色彩关系，画出阴影，装饰物件。调整画面，直至完成作品（图1-70）。

图1-70

4．电脑三维效果图（电脑辅助设计）

随着科学技术的进步和相关软件功能的日渐完善，电脑已成为设计师必不可少的工具。电脑辅助设计、电脑仿真、电脑三维效果图表现，已广泛应用于设计工作的各个阶段（表1-11）。作为设计表现，电脑三维效果图具有以下优点：

①易学易用。可在较短的时间内掌握相关表现技巧。

②修改方便。由于电脑绘画是由若干可独立修改的图像元素组成的，由此可以很方便地对其中需要修改的部分进行个别改正，而不用将整幅图重画。

③效果逼真。由于相关软件技术的进步，使得创建照片真实感效果成为可能，很多三维效果图同时具备实用与艺术双重价值(图1-71、图1-72）。

表1-11

电脑效果图制作流程方法和步骤

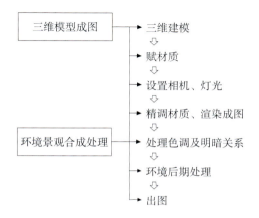

图1—71

图1—72

作业名称：室内设计预想图

作业形式：A每种技法临摹一张；B创作两张。

作业规范：A3制图纸，徒手绘制。

基础任务四
室内设计与人体工程学

人体工程学（Human Engineering），又称人类工程学、人间工学或人机工学，它是以"人—机—环境"系统中人、机、环境三大要素之间的关系，为解决该系统中人的效能、健康问题提供理论与方法的学科，以实测、统计、分析为基本研究方法（表1-12）。

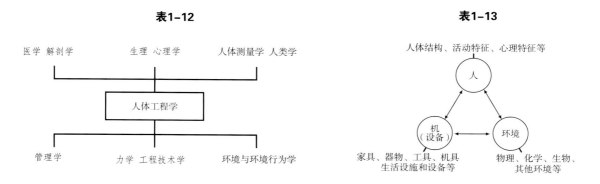

表1-12　　　　　　　　　　　　　　　　　　　　表1-13

从室内设计的角度来说，人体工程学主要是通过对于生理和心理的正确认识，使室内环境因素适应人类生产、生活的需要，进而达到提高室内环境质量的要求。与人类活动相关的空间设计，家具、器物的设计必须既要考虑人的体形特征、动作特征和体能极限等人的生理因素，也要考虑人的感觉、知觉与室内环境之间的关系，如声、光、温度、色彩、形态等环境因素作用于人而产生的相应的感知和心理因素，从而为室内设计建立环境条件标准。其工作内容主要体现在以下几个方面（表1-13）：

①为室内设计确定空间范围提供依据；

②为家具及器物设计提供依据；

③为人的感知与室内环境设计提供依据。

1. 人体尺度与室内空间

建筑的内部空间主要为人所使用，人的动态尺度与静态尺度直接影响空间的大小、形态等。对人体尺度的研究分析是确定空间尺度和范围的重要依据。

（1）静态尺度

静态尺度是指人体处于固定的标准状态下测量得到的尺寸数据，如躯干长度、腿长度、手臂长度等，它对与人体有直接关系的空间、物体有较大关系，可称为人体构造尺寸（图1-73）。

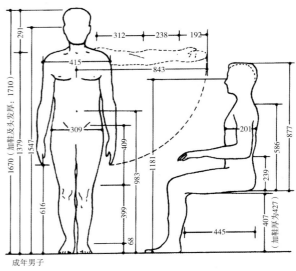

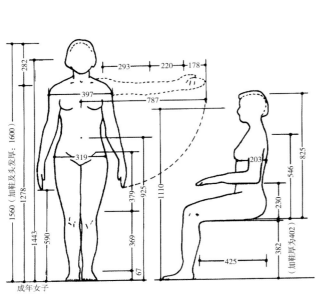

图1-73 中国成年男、女基本尺度图解

（2）动态尺度

动态尺度是指动态的人体尺寸，是人在进行某种功能活动时肢体所能达到的空间范围。它是在动态的人体状态下测得的，是由关节运动、转动所产生的角度与肢体的长度协调产生的范围尺寸，它对于和人体的空间活动范围有直接的关系，是确定空间范围的重要依据。人体总是运动着的，动态尺度是人与空间、人与物的关系当中非常重要的因素，所以人体动态尺度又称动功能尺寸（表1-14、表1-15）。

表1-14 中国成年男、女不同身高百分比

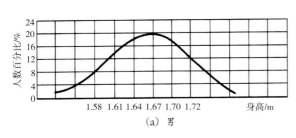

（a）男

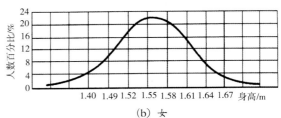

（b）女

表1-15 我国不同地区人体各部分平均尺寸

单位：mm

编 号	部 位	较高人体地区（冀、鲁、辽）		中等人体地区（长江三角洲）		较低人体地区（四川）	
		男	女	男	女	男	女
A	人体高度	1 690	1 580	1 670	1 560	1 630	1 530
B	肩宽度	420	387	415	397	414	385
C	肩峰至头顶高度	293	285	291	282	285	269
D	正立时眼的高度	1 573	1 474	1 547	1 143	1 512	1 420
E	正坐时眼的高度	1 203	1 140	1 181	1 110	1 144	1 078
F	胸廓前后径	200	200	201	203	205	220
G	上臂长度	308	291	310	293	307	289
H	前臂长度	238	220	238	220	245	220
I	手长度	196	184	192	178	190	178
J	肩峰高度	1 397	1 295	1 379	1 278	1 345	1 261
K	1/2上髂展开全长	869	795	843	787	848	791
L	上身高长	600	561	586	546	565	524
M	臀部宽度	307	307	309	319	311	320
N	肚脐高度	992	948	983	925	980	920
O	指尖到地面高度	633	612	616	590	606	575
P	上腿长度	415	395	409	379	403	378
Q	下腿长度	397	373	392	369	391	365
R	脚高度	68	63	68	67	67	65
S	坐高	893	846	877	825	850	793
T	腓骨头的高度	414	390	407	382	402	382
U	大腿水平长度	450	435	445	425	443	422
V	肘下尺寸	243	240	239	230	220	216

2．家具、器物与人体尺度

家具、器物是人类必须的生产生活工具，是人类生产、生活必需的物质保障，是提高人们生产、生活效率与质量的物质基础和条件（图1-74、图1-75）。

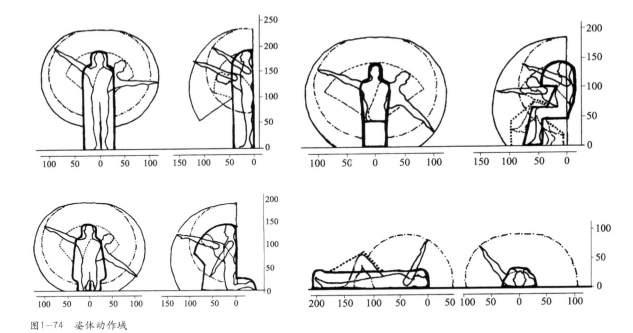

图1—74　姿体动作域

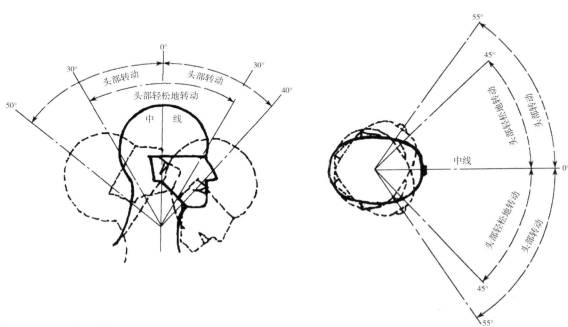

图1—75　人体头部动作域

3．感知与室内环境

人类总是生活在具体的环境中，良好的生活环境可以促进人的身心健康，提高工作效率，改善生活质量，环境与人类是息息相关的。而感知是人对外界环境一切刺激信息的接收和反应，了解人类感觉、知觉特征，有助于对人类生理和心理活动过程进行了解，对在环境中人的感觉和知觉器官的适应能力提供科学根据，为室内环境设计确定适应于人的标准，创造适应于人的生活环境（表1-16）。

（1）人与环境的关系

人类身处于具体的环境中，环境质量直接关系着人类生活的方方面面，环境与人类生活息息相关。影响人类的环境因素可大致分为物理环境、化学环境、生物环境和其他环境，其中物理环境与环境设计的关系最为密切。人们通常所说的改造自然，主要是改造或改变环境的物理特征。

（2）环境与设计

人类的感知是与环境相对应的，了解人类各种感觉器官的生理特征对改善环境质量、提高生活质量是非常重要的（表1-17）。

表1-16　人际距离和行为特征

单位：mm

密切距离0~45	接近相0~15，亲密、嗅觉、辐射热有感觉 远方相15~45，可以对方接触握手
个体距离45~120	接近相45~75，促膝交谈，仍可与对方接触 远方相75~120，清楚的看到细微表情的交谈
社会距离120~360	接近相120~210，社会交往，同事相处 远方相210~360，交往不密切的社会距离
公众距离>360	接近相360~750，自然语音的讲课，小型报告会 远方相>750，借助姿势和扩音器的讲演

表1-17　灯的色表类别

单位：k

色表类别	色　表	相关色温
1	暖	<3 300
2	中间	3 300 ~ 5 300
3	冷	>5 300

①视觉与视觉环境。视觉是人体对光的反应，当光线进入人的眼睛便产生了视觉，由于有了视觉，我们才知道各种物体的形状、色彩、表面肌理。一般来说，人类获得的信息有80%来自于视觉。视觉环境是指陈示于人们视觉当时的一切视像，一个好的视觉环境必须是能给人带来愉悦的视觉陈示（图1-76至图1-78）。

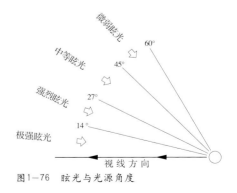

图1-76　眩光与光源角度

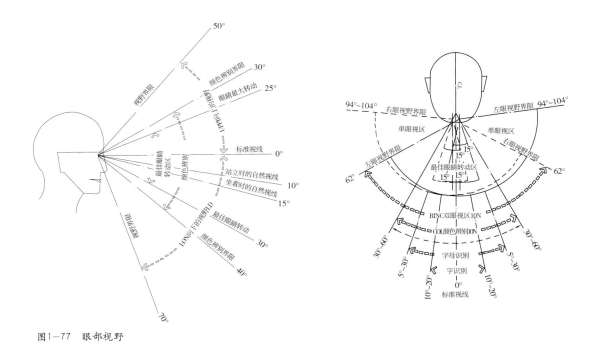

图1-77　眼部视野

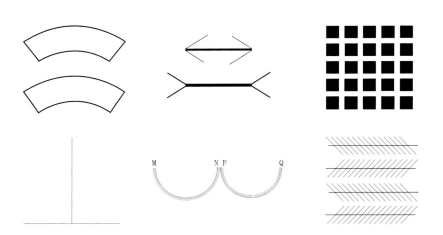

图1-78　视错觉

②听觉与听觉环境。听觉是人体第二大感觉系统，它由耳和听觉神经系统组成。听觉环境是指声音环境，包括两大类：一类是好的声音环境，如音乐、音响等，使人感到身心愉悦的声音环境；一类则是不好的声音环境，如噪声等是必须要想办法去消除控制的声音环境（表1-18、表1-19）。

表1-18　不同室内环境的噪声允许极限值（DBA）

噪声允许极限值	不同地方	噪声允许极限值	不同地方
28	电台播音室、音乐厅		
33	歌剧院（500座位，不用扩音设备）	47	零售商店
35	音乐室、教室、安静的办公室、大会议室	48	工矿业的办公室
38	公寓、旅馆	50	秘书室
40	家庭、电影院、医院、教室、图书馆	55	餐馆
43	接待室、小会议室	63	打字室
45	有扩音设备的会议室	65	人声喧杂的办公室

表1-19　口语信息交流时允许的室内环境噪声值

噪声强度（语音干扰级）（dB）	进行有效通信所需要的语音水平和距离	可用的通信方式	工作区类型
45	正常语音（距离3 m）	一般谈话	个人办公室、会议室
55	正常语音（距离0.9 m） 提高的语音（距离1.8 m） 极响的语音（距离3.6 m）	在工作区内连续的谈话	营业室、秘书室、控制室等
65	提高的极响的语音（距离1.2 m） "尖叫"（距离2.4 m）	间断的通信	
75	"尖叫"（距离0.6 ~0.9 m）	最低限度的通信（必须使用有限的预先安排好了的词并作为危险信号的通信）	

③触觉与触觉环境。触觉是人体在受到外部环境刺激时，感觉器官所接收到的相关信息。在室内环境中，一切人体所能触及的范围都是能感知到的触觉环境，如墙、地、家具、器物等。所以在室内设计中，对构成触觉环境的界面设计表面材质要求非常严格，以期达到人与环境的高度和谐，创造出更好的空间环境。（图1-79）

图1-79

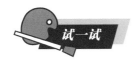

作业名称：居室环境平面功能布置

作业形式：设计创作。

作业范围：人居室内的环境平面功能布置，A3制图纸，按制图标准绘制。

[综 述]

通过本篇对室内空间设计、室内的界面设计、室内的配饰设计等方面的学习，从原理上了解进入室内设计的基本思路、途径、方法，逐步掌握室内设计的基本技巧。

人类劳动的显著特征，就是不但能适应环境，而且能改造环境。从原始人简陋的穴居到今天设施完善的高楼大厦，是人类经过漫长的岁月对自然环境改造的结果。自然环境既有人类生存和生活必需的和有益的一面，如阳光、空气、水等；也有危及人类生存和生活的一面，这就是自然灾害，如地震、海啸、风、雨、雷、雪、电等。因此，室内空间最初的主要功能是对这些自然界有害性侵袭的防范，特别是对经常性日晒、风雨的防范，室内是人类赖以生存的最好掩体，由此而产生了室内与室外空间的区别。

人类在建造室内空间环境的过程中，最初是以被动方式进行的，即为躲避自然而建造适宜的空间。如城堡式建筑，它不但可以防范动物袭扰，还可以御敌、隔绝雷电等，减少人们对自然灾害的恐惧感。随着人类社会的文明发展，人们越来越意识到与自然太深的隔绝并不利于自己的身心健康，人们的生活离不开阳光、空气、水及绿色的植物和心旷神怡的自然美景，因此人们开始确立了"天人合一"的生活理念，开始从被动的"躲避"向着积极"利用"自然的方向发展。于是，室内空间开始向外延伸，借助以采光、借景、内外部空间交融、渗透及多层次的空间设计手法，以最大限度地满足人们生活的舒适感，由此而产生了内部空间设计和外部空间设计。

通过本单元学习，从了解空间构成方法、空间的形态、空间的形式、空间的过渡以及空间的序列设计等知识入手，逐步掌握室内设计的基本原理、方法，为各类型的空间设计打下基础。

》》》》方法任务一
室内空间设计

1．空间的概念

　　空间是指物质存在的广延性。当人走在一望无际的沙漠中，当船只航行在浩瀚的大海里（图2-1），他们面对的是广阔无垠的空间，我们称之为无限空间（图2-2）。当沙漠中出现一棵树，大海里浮现一个岛，使我们在视觉上有了一个参考物，这个空间便是有限的空间。三棵不同轴线的树可以形成空间；一面墙与一根电杆也可以形成空间，只是我们把这种空间称为外部空间（图2-3）。对一个具有地面、墙面和顶盖的六面体房间来说，空间关系明显地限制在室内，所以我们把它称为内部空间（图2-4）。但是，有些物体，如雨伞、火车站台、雨棚等，这些有顶无墙的空间要判断它们是内部空间还是外部空间，有时确实难以在性质上加以区别，但此处能让我们避雨、遮阳，在一定程度上达到最原始的基本功能，所以我们仍可以认为是属于内部空间。由此可见，有无顶盖是区别内、外部空间的主要标志，具备顶、地、墙三要素的空间则是典型的室内空间。

图2-1

图2-2

图2-3

图2-4

2．空间的构成

通过前面的讨论，我们初步了解到空间的基本概念，由此可见无论是通过自然现象还是人为制造都会构成许多空间现象。

（1）室外空间构成

①纵向的两堵墙形成空间（图2-5）。

②三根柱头形成空间（图2-6）。

③柱和梁构成空间，如葡萄等（图2-7）。

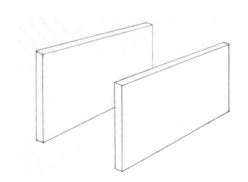

图2-5

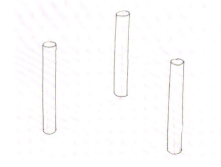

图2-6

图2-7

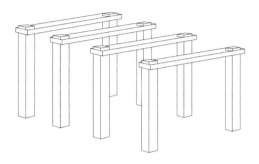

（2）室内空间构成

①天棚和地面构成空间（图2-8）。

②天棚和墙构成空间（图2-9）。

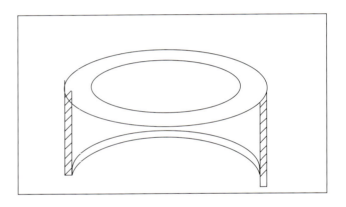

图2-8

图2-9

 **试一试**　墙和墙构成空间（A、B、C）、梁和柱构成空间、柱和柱构成空间、天棚和地面构成空间。试想还有哪些建筑构件可以构成空间？请用草图形式绘出，并写出这些空间分别都具备哪些特征。

3．空间的形态

从上面所做的练习中，我们可以发现，在构成的这些空间关系中，分别都具有不同的形态：有密闭的、开敞的、半开敞的；有的空间界线明确，也有的空间界线模糊；有静态的，也有动态的。这些不同形态的空间形成了各自的空间形态特征。在室内设计中充分运用这些不同形态的空间，可以满足不同功能空间之间不同的需求。如两堵墙构成的空间关系具有方向性，适合通道设计；又如由顶、地、墙合围的空间，其界面明确具有固定性、封闭性，适合卧室、卫生间设计等。

4．空间的类型

（1）固定空间和可变空间

①固定空间。界面合围明确、使用功能不变的空间形态，常用于功能性强的房间。如厨房、卫生间等（图2-10）。

②可变空间。与固定空间相反，为了能适合不同使用功能的需要而改变其空间形式，因此常采用灵活的分隔方式。如折叠门、可开合的隔断、活动墙面、屏风、活动天棚等（图2-11）。

图2-10

图2-11

（2）静态空间和动态空间

①静态空间。一般说来形式比较稳定，常采用对称式和垂直水平面处理，空间界线明确，构成比较单一，视觉常被引导在一个方位或落在一个点上，一目了然。如餐饮室、卧室等（图2-12）。

图2-12

②动态空间。也称之为流动空间，往往具有空间的开敞性和视觉的导向性特点，界面组织具有连续性和节奏感，空间构成形式富有变化性和多样性，常使视线从这一点到那一点，视觉处于流动状态。如走廊、迴廊等（图2-13）。

图2-13

图2-14

（3）开敞空间和封闭空间

①开敞空间。其形态是流动的、渗透的，它能够提供可以交流的视线，让室内外景观相互交融。开放性的空间，心理效果上常表现为开朗的、活跃的性格，也带有较强的社会性、公共性。

②封闭空间。静止的、凝滞的，有利于产生隔绝外来干扰的心理效应，常表现为严肃的、安静的或沉闷的，具有安全感，适合私密性强的功能空间。如浴厕间、卧室等（图2-14）。

（4）虚拟空间与虚幻空间

○虚拟空间。指在同一空间内，升高或降低某一局部，或以不同材质或色彩的平面变化来达到限定空间的目的，称为虚拟空间。如屏风、隔断等（图2-15）。

②虚幻空间。是一种通过用镜面或画面的方法，扩大室内的视觉空间和景深感。如将半圆桌背面设一面镜子，可以达到完整桌面的虚幻效果；在狭窄的空间内装上镜面，可以增加空间的视觉尺度。

图2—15

5．空间的序列设计

人的每一项活动都是按一定规律在特定时空中进行的。例如，当我们去看电影时，首先看电影广告，再找到售票窗口，买票后需等候，在此期间上厕所或购物、休息，然后再进检票口找到影厅，观看电影，看完电影后从旁门疏散，这个活动才基本结束。而电影院的空间就是按这个活动的序列设计的，这就是空间设计的客观依据，我们把它称为空间的序列设计。

人的每一项活动都有它特殊的空间序列。这个空间序列的长短，主要由它进行活动的内容所决定。一般情况下，我们把空间序列分为四个阶段：

（1）起始阶段

这个阶段也就是戏曲中的序幕，预示着故事即将发生，在设计上主要考虑是否能引起注意就行了。

（2）过渡阶段

这是故事的开始，也是表达高潮之前奏，起到承前启后、酝酿、期待的引导作用。在设计上应轻描淡写，逐渐引人入胜。

（3）高潮阶段

高潮阶段是序列中的核心，从某种意义上说，其他各种阶段都是为高潮服务的，是精华、目的所在，满足愿望、激发情绪，是高潮阶段的主要任务。

（4）终结阶段

由高潮回复到平静，以恢复正常状态是终结阶段的主要任务。良好的结束恰似余音绕梁，有利于对高潮的追思和联想，耐人寻味。

"不同性质的建筑有不同的空间序列布局，不同的空间序列艺术手法有不同序列设计章法。"在丰富多彩的现实生活活动中，空间的序列自然不会像前段讲的那样完全一致，不同的场所对空间序列长短要求是完全不同的，突破这些秩序常常会获得更符合那个空间的时空艺术效果，也就更能达到人们的行为要求，即功能要求、心理要求、社会地位要求。这里所讲的空间序列，只是空间设计的一个普遍规律，在实际应用时应进行分别对待。

（1）空间序列长短的选择

空间序列的长短即反映高潮出现的快慢，由于高潮的出现，就意味着序列全过程即将结束。一般来说，对高潮的出现绝不轻易处置，高潮出现越晚，层次必然增多，通过时空效应对人的心理影响必然更深刻，期待目的则越强。因此，空间长序列的设计往往需要强调高潮的重要性、宏伟性与高贵性，短序列的设计其效果则与此相反。

（2）空间序列布局类型的选择

一般采取两种序列布局形式，即对称式和不对称式、规则式或自由式。空间序列线路，一般分为直线式、曲线式、循环式、迂回式、立交式、综合式等。

（3）高潮位置的选择

在不同性质建筑的空间中，总可以找出具有代表性的、反映该建筑性质特征的、集中一切精华所在的主体空间，可以把它选成高潮的对象。如：住宅的客厅、宾馆的中庭等。

6．空间的分隔与联系

对于一个大的空间根据不同需求可以进行再分隔，其分隔的方式有两种：一种是垂直方向分隔，一种是水平方向分隔。分隔后的空间形成了新的具有不同大小、形态、方向的空间关系。应考虑把这些空间关系有机地联系起来，形成完善的、合理的新空间关系。

在新空间关系的处理上，有些空间的过渡要直接，另一些空间则要迂廻；有的要延长时空，有的则要缩短时空，并赋予大小、方向、节奏的变化。更重要的是，要注意使用安全，并应有良好的视觉导向作用。下面介绍几种常见的空间过渡形式。

图2—16

①甲空间到丙空间要通过乙空间，乙空间是两者间的过渡空间（图2-16）。甲和丙有一定距离，两者关系平等舒缓，有相互尊敬之感。

②甲、乙空间属独立的空间，两者关系明确，互不干扰，是相邻空间，空间关系有亲密感。

③乙空间属于甲空间，即乙属甲空间的一部分，甲与乙有密切的功能联系，即主从空间（图2-17）。

④甲、乙、丙共同拥有丁，反之丁联系了甲、乙、丙，丁是共享空间（图2-18）。

充分利用这些空间关系，满足功能要求，是过渡空间设计的重点。

水平分隔空间的联系方式主要有楼梯、电梯、电动扶梯三种，其中楼梯的形态、大小、方式可以暗示水平分隔空间的功能性质。

图2-17

图2-18

过渡空间作为空间的媒介，要充分考虑空间的使用功能，合理联系空间的内外、前后、转折、衔接，欲宽先窄、欲聚先散、欲高先低、欲暗先明、欲扬先抑，应达到"山重水复疑无路，柳暗花明又一村"的空间关系意境。

不仅如此，过渡空间还起着功能效应，像动区和静区等过渡地带可以设一些带功能性的空间。如休息区、卫生间、储藏室等，既利用了空间，也丰富了过渡区间的作用（图2—19）。

图2—19

7. 空间的形态及创造

如前面综述所讲，人类改造居住的空间环境，是经过了从被动到主动这样一个发展过程。在人类主动观念下，创造出了许许多多的空间形态，这些空间形态是空间环境的基础，它决定着空间的总体效果，对空间氛围、格调起着关键性作用。因为建筑空间的无限丰富和多样性，对在不同方向、不同位置上的空间具有相互渗透、相互融合的效果，使有些空间关系非常模糊，有时候还很难找出适当的范围，这就为空间形态分析带来一定困难。所以，只有抓住空间形态的典型特征及其对应的处理方法的规律，空间设计便有章可循。

常见的基本空间形态：

（1）下沉式空间——舞池、水池（图2-20）

（2）上升式空间——看台（图2-21）

图2-20

图2-21

（3）凹室与凸室——内阳台、飘窗（图2-22）

图2-22

（4）回廊与挑台（图2-23）

图2-23

（5）交叉与穿梭空间——德国奔驰博物馆（图2-24）

图2-24

（6）母子空间——某国际大酒店中庭（图2-25）

图2-25

（7）共享空间——法国蓬皮杜艺术中心展览馆（图2-26）

图2-26

8．室内空间的构图

（1）室内空间的构图

室内空间的构图主要由界面选型及建筑构件、家具、灯具、饰品等要素的外形构成，它们之间的线型组合构成空间构图的形态关系，形成有节奏、有韵律的空间装饰效果。线型搭配的好坏，直接影响到室内空间构成的视觉效果。

室内空间构图常见的线型有以下几种：

①垂直线。因其垂直向上，有刚劲、刻板、严肃的阳刚感，并有增加室内高度的视觉效果。

②水平线。如同人躺着睡觉，有宁静、轻松之感，并能延展空间的视觉开阔度。

③斜线。具有不稳定动感和跃越感。

④曲线。有较强的动感，优美而轻柔，具有阴柔美感。

在室内构图设计中，应以一种线型为主，配搭横、竖、刚、柔得当的线条，构成有韵律、有节奏、线条流畅的视觉效果为宜。

过多的垂直线在室内空间构成中的效果比较（图2-27）。

过多的曲线在室内效果中的比较（图2-28）。

图2-27

图2—28（a）

图2—28（b）

（2）室内空间的构图原则

①协调原则。设计最基本要素在于协调，好的设计应将所有的设计因素糅合在一起去创造协调。

达·芬奇说的"有一部分统一配置或装饰，从而避免了自身的不完全"就是对协调的精辟阐述。在空间设计中，协调有空间形态协调、线条造型协调、色彩协调、材质肌理协调、风格协调等。

②比例与尺度原则。

比例，是指在一个形体之内或空间中，将其各部分尺寸关系安排得体。如大小、长短、宽窄等，均形成合理的尺寸关系。

尺度，则指标准，是设计中的计量、评价等的基准。换言之，尺度不是指具体尺寸，而是指人对尺寸大小的一种视觉感受。

③平衡原则。当各部分的质量，围绕一个中心点而处于安定状态时称为平衡，平衡使人的视觉感到愉悦。

把一堵墙等分成一块有色一块无色时，有色的墙面则显得"重"；同样大的两堵墙，一堵有造型显得"重"，无造型则显得"轻"。一堵有门的墙，摆放一些家具也可获得这堵墙和门之间的视觉平衡（图2—29）。

④韵律原则。当人的视觉自然扫视环境时，有希望顺利贯穿始终的习惯，当物体、造型、线条、色块在同一空间内有长短、高低、大小的反复出现时，韵律便会产生。

室内悬挂壁画等的高度与门框高度相当、家具的高度与灯饰高度相当等，都是为了让视觉能在流畅的变化中产生韵律感觉（图2—30）。

图2—29　　　　　　　　　　　图2—30

⑤重点原则。如果室内布置和装饰的重点被平均对待，会显得缺乏主次，在室内设计中，按空间的序列设计需求和人的欣赏习惯，让有些空间简约，有些空间丰富，这样才会形成有主有次。所以，有意识地重点布置和装饰一些部位，可以满足人的欣赏习惯并达到赏心悦目的效果。比如，居室的重点设在客厅（图2-31），宾馆的重点设在中庭（图2-32）。

图2-31

图2-32

突出重点原则的营造方法有以下几种：

A.选择适合营造趣味中心的位置。在同一空间内找到视线集中或者相对完整的墙面，拟定趣味中心，或把观看风景良好的窗户作为趣味中心图（图2-33）。

B.在室内设计上要引起人注意的方法很多，如通过形状、大小、质地、色彩的变化来制造趣味中心，也可以通过摆设饰品、器物等方式获得趣味中心，还可以使用照明的变化来制造趣味中心（图2-34）。

图2-33

图2-34

1. 你所熟悉的建筑哪一种空间序列较长，哪一种较短？

2. 举例说明哪些空间布局应对称，哪些不应对称？

3. 举例说明哪些方法还可以虚拟空间？

4. 空间的过渡还有哪些形式？

5. 居室的重点装饰应该在哪个空间？

6. 五星级宾馆高潮区应设在哪个部分？

方法任务二
室内界面设计

　　室内空间是由顶、地、墙六个界面构成的。对界面的造型、色彩、材质的运用是否合理，直接关系到室内设计的整体效果。室内各界面在使用功能方面的需求，有共性，又有各自的个性。其共同性体现在：①耐久性和时效性；②防火安全性；③环保；④易于制作安装，便于更新。

1．室内界面交界线设计

　　交界线有线脚、踢脚线以及材料与材料之间的收口线等。对于大小形态不同的空间，其界面交界线的处理也会不同。空间大，交界线可以强调，能增加或丰富空间的层次感。反之，若空间小，界面线应弱化，以使空间显得较大。交界线处理的好坏直接影响到空间的整体效果。

2．墙面设计

　　墙面处于垂直状态，离人的视线和肌肤较近，其色彩、材质的选择尤其重要。墙面材料的选择，首先应考虑适应不同空间的使用功能性质以及时尚更新的需求；其次是处理好有和无的关系，即重点和非重点的关系；然后再确定强和弱的关系。

　　重点布置的空间要设计"有"，次重点的应设计"无"。人流量大的空间墙面材料要"强"化，人流较小的空间墙面材料应"弱"化。

3．顶棚设计

　　顶棚位于室内空间的顶部，其主要作用首先是隐藏设施、设备及其管线与灯具；其次是营造气氛，并且能增加室内的亮度。在设计上应选用轻质材料、防火材料，安装结构牢固，色彩宜浅（特殊空间除外）。室内装修中，造型顶棚的造价较高，也要根据不同使用功能的性质去考虑"有"与"无"或"简"与"繁"。

4．地面设计

　　地面设计在功能上要求防滑，易清洁。有些环境还需防静电、防水、有弹性、减少噪声等要求。在总体效果上应与家具、天棚、墙面协调，并有良好的空间视觉导向性。此外，在选择材料的规格上还应以房间的模数为依据，大空间选用大规格板，小空间选用小规格板，明亮的环境偏暗色，采光不好的环境选浅色，总的色彩倾向要求是"天轻地重"。

　　人对环境的印象是整体的，把握好界面设计的各个部分就掌握好了效果。天棚、地面、墙面三

图2-35

者关系密切，设计时不能孤立思考。有些环境要重点装饰天棚、地面；有些环境则重点装饰墙面，相互衬托、相互对比，才能达到预期效果。

在各界面中色彩线条纹理的组织上，其大小方向的不同可以给人不同的视觉感觉（图2-35）。

1. 室内界面在使用功能上都有哪些要求？

2. 什么是界面的图底关系？

3. 设计室内各界面装饰材料应该遵循哪些主要原则？

方法任务三
室内采光和照明设计

　　阳光是人类赖以生存的基本条件之一，没有阳光、空气和水就没有人类的一切。利用自然光线不仅能给人类节约能源，还能使人们感觉到环境的安全、舒适。室内采光的效果主要取决于采光部位、采光口面积的大小和布置的形式。通常采光的形式有侧采光、高侧采光和顶采光三种。

1．采光形式

　　侧采光最好选择南北朝向，并有良好的景观为宜。侧采光使用维护较方便，但当房间的进深增加时，采光会随之减弱。因此，设计者常采用增高窗户的方法或设计转角窗来弥补采光的不足。

　　高侧采光虽然明度比较均匀，还可以留出大面积的墙面布置家具、陈列饰品，适用于画室、展览馆、体育训练场、商场车间等，但由于离地面较高不便开启窗户。

　　顶采光虽然分布均匀，但是利用空间有限。尤其是在拥挤的城市中只有顶层具备条件，也不容易清洁。适合展览场馆及大厦的楼顶层。

　　此外，采光还受附近建筑的影响，其中主要是遮挡物和反射光。

2．照明设计

　　室内照明设计有三个作用：一是弥补自然采光的不足；二是满足功能照明；三是加强空间主体感，装饰室内。所以要通过设计各种照明方式来改变室内的光环境。

　　（1）照明方式

　　如果裸露的对光源不加以处理，既不能充分发挥光源的效能，也不能满足室内照明的环境需求，并有眩光的危害，所以要利用不同光源的光学特性，对光源的照度和亮度进行再次分配。以下介绍几种常见的照明方式。

　　①间接照明（图2-36）。在光源的下方用不透光的灯罩遮住，让90%～100%的光线投向天花，再从天花反射到室内。灯罩越贴近天花下方，则几乎不会造成阴影，是最理想的灯光照明形式。

　　②半间接照明（图2-37）。将60%～90%的光投向顶棚或墙面，让10%～40%的光直接照向工作面。如空顶台灯适合阅读、写作。

　　③漫反射照明（图2-38）。隐蔽光源，让其从天花很近的侧面反射到天花，形成漫射光带。

　　④宽光束的直接照明（图2-39）。这种照明方式是将采集光直接照在物体上，让其与周围产生强烈的明暗对比效果，各种射灯属于这一类。

　　（2）照明布置

　　在室内空间环境中，根据使用功能布置灯具是有章可循的。像排兵布阵一样，需要各"兵种"的密切配合，充分发挥各自的功能。

图2—36 间接照明

图2—37 半间接照明

图2—38 漫反射照明

图2—39 宽光束的直接照明

　　首先，要把握好整体与局部的关系，以点、线、面相结合，有强弱对比、大小配搭合理、集散有度、疏密有致，光源宜隐藏，灯具宜暴露。有些光源可以与建筑构件有机结合进行设计，制造出光檐、光梁、光墙、光柱和发光地台、发光阶梯等，充分体现建筑的立体美感（图2—40至图2—44）。

图2—40 光檐

图2—41 光墙

图2—42 光梁

图2—43 光柱

图2—44 发光地台

有些光源还可以与家具、绿化结合，会产生意想不到的艺术效果（图2-45、图2-46）。

图2-45 灯光与家具

图2-46 灯光与绿化

方法任务四
室内色彩与材料设计

在室内空间里，色彩和材料质地给人的第一感知最为强烈，像人的装束，充分体现了人的气质和精神面貌。不同空间性质的色彩要求完全不同，准确把握色彩材质的情感因素是室内设计的重要环节之一。空间的设计创意是灵魂，界面造型是骨架，色彩和质地则是血肉和肌肤。

1. 室内色彩的基本要求

①使用目的不同。如起居室、厨房、卫生间、病房等所要求的气氛及质地对色彩的需求各不相同。

②空间的大小不同。可以用色彩来进一步加强或减弱对空间大小的视觉感受。

③空间采光的朝向不同。可以用色彩进行调节，如东西朝向自然光偏"热"，可用冷色调色彩来调节，南北朝向自然光偏"冷"，可以用暖色调色彩来调节。

④同样大小的空间，人多的环境宜冷色，人少宜用暖色。

⑤处于不同生活环境、工作环境和不同性别的人，对色彩的需要也不相同。儿童房相对于老人房来说，色彩应鲜艳一些。

2. 室内色调的总体控制

①界面色彩。天花宜轻、地面宜重、墙面宜浅，大面积宜浅灰、小面积色彩明度和纯度宜高。

②家具色彩。应与界面色彩形成调子。家具形成调子的基本倾向色决定室内装修的色调，一个主色调应贯穿整个空间环境的始终。

③织物的色彩在总体上应符合室内色调。如沙发、帷幔、床罩、台布，局部点缀对比色以突出重点。

④合理利用图底关系，突出重点，使空间色彩关系明确。统一天花和地面的色彩，以衬托墙面和家具；统一地面和墙面色彩，以突出天花、家具；统一天花和墙面色彩，以突出地面和家具。这些方法可以有效地控制室内色彩大的效果，使室内色彩在设计上有较强的目的性，从而达到有机整体效果的统一（图2-47）。

图2-47

3. 室内的材质设计

室内的环境氛围和整体效果最终是由材料体现的。不同装饰材料的色彩、质感、肌理感，在界面设计中起着不同的作用，给人的视觉和触觉带来不同的感受。在选择材料过程中最好尊重不同材料的属性，彰显其质地美感。如木材、织品，自然亲切可与人体肌肤相亲；金属的刚劲挺拔，有阳刚之气；玻璃神秘雅致，具有现代光色；天然大理石华丽高贵，青石豪迈粗犷，文化石典雅等，无不在室内装饰中表达出独特的语言。此外，各种材质和肌理可以改善室内的声、光、热等物理条件。正确选择、合理配搭室内装饰材料，是每一个室内设计师设计作品成败的关键（图2-48）。

本节将室内装饰材料按其硬度和肌理大小分为强、弱两大类。石材、金属、玻璃、天然木材等为强材料；织物、墙纸、乳胶漆等为弱材料。在室内材料选择上，应考虑强强结合、强弱结合、弱弱结合三种方式。公共场所由于人流量大，一般宜采用强强结合；居住空间宜选强弱结合；卧室、客房宜选择弱弱结合的方式。

从投资上考虑，应坚持经济、实用、美观的原则，将钱花在刀刃上，高档材料精用，低档材料新用或巧用，切勿堆砌材料。装修是加法，有时应做减法，即无装饰也是一种装饰。

此外，装饰材料的选择还应注意各种界面材料的使用期，不同场所对材料的使用寿命长短有不同的选择，有些环境还应考虑材料应适宜易于更新换代的特点（图2-49）。

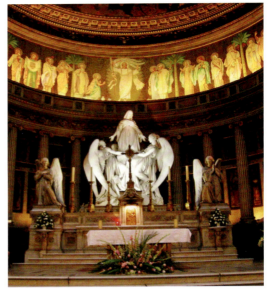

图2-48

图2-49

 **试一试**　*作业任务：设计居室客厅一案，用手绘快色画出色调。*

作业要求：尽量表现出材料的质感。

作业规范：B4纸1~2幅。

方法任务五
室内家具选择

图2-50

图 2-51

人类的起居生活离不开家具。家具在室内空间中占有很大的比例，对环境的影响较大，所以在选择家具上十分讲究。

1．室内的家具

家具选择是以不同建筑空间性质的使用功能为依据而进行的设计活动。家具除了最大限度地满足职业要求、生活习惯、健康状态、社会地位、经济条件、宗教、风俗等因素外，而且从某种意义上讲选择某种家具也就选择了某种生活方式（图2-50）。

2．家具在室内环境中的作用

①明确使用功能，识别空间性质；
②利用空间，组织空间；
③建立情调，创造氛围。

3．家具布置的基本方法

家具布置是按人们的实际需要、建筑空间性质和特点，选择合理的家具类型和数量。根据家具的单一性或多样性，确定家具布置范围，组织好空间活动和人们的行走路线，动静分明、主从配搭得当，使家具布置具有规律性、秩序性、韵律性，满足使用功能、视觉和心理要求。

家具从整体布局上讲，有两种陈列布置法：一是古典布置法，即在构图上采用对称方式、布置上采用散点方式，体现家具的个体美感（图2-51）；二是现代布置法，即构图采用均衡方式，布置采用组合方式，讲究功能和技术的美感。具体布置方法有：

（1）周边式（图2-52）

图2-52

（2）岛式（图2-53）

图2-53

（3）走廊式（图2-54）

图2-54

（4）水平沿墙式（图2-55）

图2-55

（5）单边式（图2-56）

图2-56

（6）垂直沿墙式（图2-57）

图2-57

（7）临空式（图2-58）

图2-58

家具在室内空间里除了功能作用以外，还起着组织室内交通的作用。在布置家具时，应注意组织空间交通关系，路线应以方便、简捷为宜。室内穿越空间的交通路线有三种方式：①对角线穿越；②单边穿越；③立体交叉穿越。

在居室设计中，空间交通路线选择单边穿越方式最好。对角线穿越和立体交叉穿越形式对空间虽有一定的干扰，但如商场、宾馆、展览馆等大型公共空间，则要充分利用这两种方式组织联系空间的交通。

图2-59　维多利亚时期家具

4．风格家具款式图解

（1）古典家具

①外国古典家具。

A．埃及、希腊、罗马家具。由于古埃及人较矮并有蹲坐习惯，因此坐椅较低，家具特征由直线组成，它对英国摄政时期和维多利亚即法国帝国时期影响较大（图2-59）。

图2-60

B．文艺复兴时期家具（图2-60）。

C．西班牙文艺复兴时期家具（图2-61）。

图2-61　西班牙文艺复兴时期家具

D．法国巴洛克时期家具（图2-62）。

E．法国洛可可时期家具（图2-63）。

F．古典主义家具，即法国的喷漆家具（图2-64）。

G．法国帝政时期家具（图2-65）。

H．维多利亚时期家具（图2-66）。

图2-62　　　　　　　　　　图2-63

图2-64

图2-65

图2—66

②东方中国古典家具。

A.商周时期家具（图2—67）。

B.战国时期、秦汉时期家具（图2—68）。

C.魏晋南北朝时期家具（图2—69）。

D.隋唐五代家具（图2—70）。

E.宋辽时期家具（图2—71）。

F.明式家具（图2—72）。

图2—67

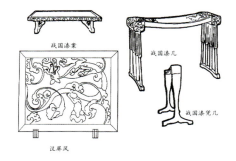

图2—68　战国时期家具

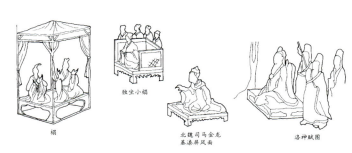

图2—69　魏晋南北朝时期家具

图2—70　隋唐五代时期家具

图2—71　宋辽时期家具

（2）近代家具

近代家具主要受工业革命和包豪斯运动影响，在设计理念上发生了颠覆性变化，主要研究人—机功能和材料美感，加上近代材料技术的突变，促使材料性、功能性、技术性家具的大量涌现。

如：材料性家具有钢、铝合金、塑料、曲木、玻璃纤维、玻璃钢、皮革、尼龙、胶合板。

技术性家具有冲压、模铸、注塑、热固、镀铬、烤漆、充气等家具（图2-73至图2-78）。

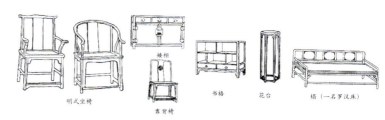

图2-72

图2-73　充气家具

图2-74　镀铬家具

图2-75　烤漆家具

图2-76　模铸家具

图2-77　热固家具

图2-78　注塑家具

试一试

根据居室内的交通（图2-79），设计居室平面图一张，比例自定。

任务一：居室交通路线设计（课外）。

任务二：宾馆标准间交通路线设计（课堂）。

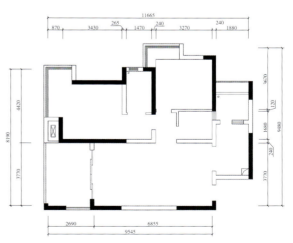

图2-79

方法任务六
室内饰品陈列设计

　　饰品是一个时代的精神产物和物质产物，直接体现社会发展的文明程度。在当今轻装修、重装饰的家居设计潮流下，如何选择好合适的饰品，已引起越来越多人们的关注和重视。一个新兴行业正在悄然兴起，这就是室内配饰设计，或者叫室内陈列设计。

　　一般来讲，室内饰品设计仍然是属于室内设计的延续，饰品是与室内整体设计效果密切相关的，在室内起着画龙点睛的作用、视觉导向作用、营造趣味中心作用，也直接反映了业主的文化素养、情趣爱好、生活品位等。如何选择好室内饰品应从了解以下几个方面入手。

1. 陈列方式

　　室内饰品的陈列方式有墙上陈列、架上陈列、柜上陈列、地面陈列等。

2. 陈列内容

　　室内饰品的陈列内容有字画、古玩、浮雕、圆雕、艺术灯具、工艺美术品、织物、器皿、模型、织物、包装、装置等（图2-80）。

3. 陈列方法

　　（1）空间陈列法

　　空间陈列法是根据空间构成和功能需要而设计的，主要起到空间的视觉引导作用、分隔作用、活跃空间气氛的作用。以选择绿色植物为主，阔叶类、荫生植物为宜。此外，也可选用艺术品、圆雕、器物、家具等（图2-81）。

　　（2）界面陈列法

　　界面陈列法主要是将饰品挂在墙上，可选字画、壁挂和织物。如卧室可以围绕窗帘为重点进行选择；客厅宜选用风景画；餐厅可选用静物、花卉等；书房宜选用小型摄影作品、书法作品，但不宜太多。俗话说："居室不可无字画，也不

清明上河图

王羲之字画
图2-80

图2-81

可多字画。"字画重点考虑其尺寸大小，应符合空间形态的尺度关系以及平衡关系。色调宜选用同类色，但在色彩倾向不明的环境应选对比色鲜亮的饰品。传统风格环境宜选古典画；现代风格宜选材料装饰画，或现代抽象无框画（图2-82）。

（3）架上陈列法

架上陈列法又可以分集中陈列和散点陈列两种方式。集中陈列主要选用古玩、工艺美术品等，陈列高度不超过2 400 mm。

散点陈列法充分考虑与家具、门窗等的尺寸大小、方向位置的关系以及观赏距离，以水平线条为主的环境宜选竖方向的饰品。垂直线条多的环境宜选用横方向饰品，以少而精为布置原则，环境宽阔的地方宜摆空间饰品[1]。散点陈列主要选用小雕塑、古玩、器皿、艺术灯具（图2-83）。

（4）地面陈列法

现代人居住空间有逐渐向大的空间方向发展趋势。对大空间而言，地面陈列应充分利用家具、花台、造景、艺术品等，虚拟出很多功能空间及空间形态，以满足人们不同的心理需求。有些超大饰品可以使视觉连接上下楼层（图2-84）。

饰品陈列设计极其讲究，设计师应根据业主的经济条件、文化素养、欣赏水平、宗教、职业特征等，精心策划布置，有条件的还需设计极具个性的饰品或到市场"淘宝"。室内空间的功能不同，其饰品的材质、色彩要求也不同。现代生活供人们使用的器物越来越丰富，有些功能空间的色彩已成统一趋势。如厨房的家电色彩大都倾向白色，而客厅视听设备色彩大都倾向黑色。所以有"白色家电、黑色视听"之说。现代生活中商品包装较多，有的包装俨然就是"艺术品"，所以厨房的饰品可以设计用具、包装为饰品，客厅以家电、沙发为主，卧室则以织物为主。此外，在材料的选择上也应配搭得当。高档次装修环境不要用低档材料饰品，如塑料饰品等之类的仿制器物（艺术品除外），应尽量选用真材实料；中档次装修环境宜选用仿金银制品及仿珠宝玉器、青铜等"华而不实"的饰品；经济性装修尽量少设饰品，让钱都花在实用家具上。

图2-82

图2-83

图2-84

---

[1] 在空间呈放射状或发射状的饰品。

方法任务七
室内设计步骤

室内设计大致分为如下四步：

步骤一　分析信息决策是否接受该项目任务。

步骤二　与业主交流，了解项目的基本情况，其中包括工程性质、地点、建设规模、投资金额等。购买（索取）标书。

步骤三　索取该项目建筑竣工图纸，核实建筑尺寸，现场勘测，得出水电、消防、通讯、空调等设施设备的相关数据。

步骤四　设计阶段：

①收集资料，如业主相同户型样板间，并走访使用者。

②与业主签订设计意向合同，同时详细了解业主对该项目工程具体使用要求。

③初步设计方案，绘制平面布置图、预想图（图2-85至图2-88）。

④初设方案交业主审阅，听取意见和建议，签订正式设计合同，约定设计范围、图纸数量（是否包括竣工图等），确定设计费用及完成设计时间。

⑤进入扩初阶段设计，对初设方案进行深化修改。

⑥交业主确认、审定。

⑦绘制施工图。含总平面布置图，局部平面布置图，总天棚平面图，局部天棚平面图，原始结构平面图，原始柱梁尺寸图，改动墙体定位图，地面铺装拼图，各功能空间立面图、剖面图，给排水线路图，电器一次原理图，空调及其他设备定位图等，设计说明、消防防火材料使用分析表等。

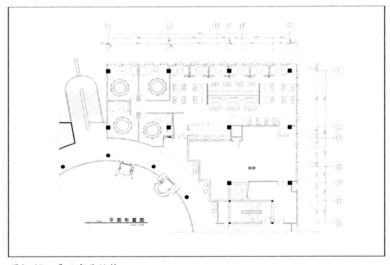

图2-85　平面布局设计

图2—86　绘制整体预想图

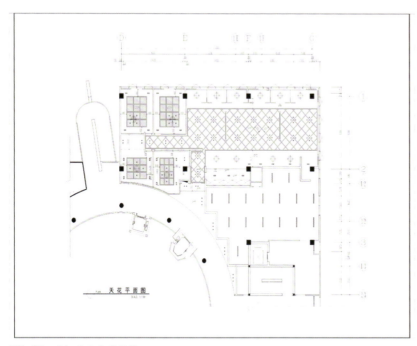

图2—87　天棚平面方案设计

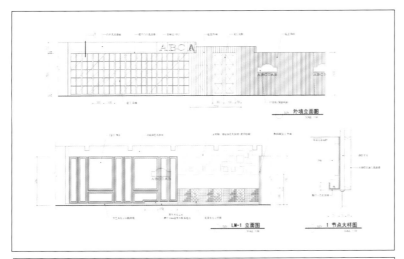

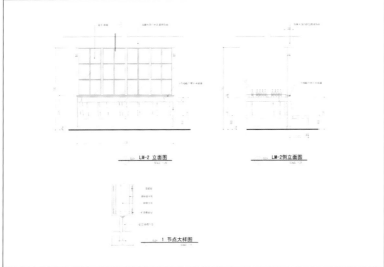

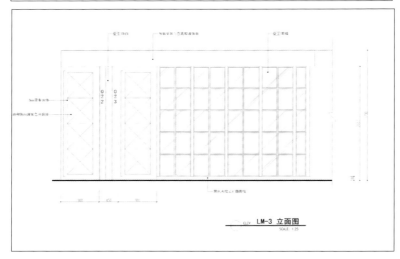

图2-88　立面图方案设计

实践篇

[综　述]

　　20世纪50年代，我国根据当时的国情对建筑设计提出了"实用、经济，在可能的情况下注意美观"的原则。虽然它不太适合现在的建筑设计理念，但反映了一个事实，即对于一般性的建筑，实用经济和美观是建筑设计不可或缺的基本要求。

　　据观察，从20世纪80年代起至90年代末，室内设计一直侧重对形式的追求，很多室内设计师忽视了功能和技术的问题。室内设计功能，主要体现在两个方面：一是使用功能，主要是满足人居的生活方便和舒适；二是审美功能，主要是满足人们因年龄、职业、宗教、政治、地域等不同因素而产生的不同精神需求。对于一般性建筑而言，功能具有独立的价值，而形式主要是为了表现功能。

　　随着社会的发展，物质和精神生活提升到一个新高度。相应地，人们对自身所处的生活、生产活动环境的质量也必将在安全、健康、舒适、美观等方面提出更高的要求。因此，设计创造一个既具科学性、又有艺术性，既能满足功能要求、又有文化内涵，以人为本，亦情亦理的现代室内环境，是我们的主要任务。

　　这里，主要介绍室内设计的风格发展趋势和基本原则，让大家知道如何打造室内整体空间环境氛围的方法。

实践任务一
室内设计的风格

著名建筑设计大师贝聿铭先生说到："每一个建筑都得个别设计，不仅和气候、地点有关，当地的历史、人民及文化背景也都需要考虑，这也是为什么世界各地建筑仍各有独特风格的原因。"室内设计风格的形式反映了不同的时代思潮和地区特点，通过创作构思和表现，逐渐发展成为具有代表性的室内设计形式。一种典型风格的形成，通常是和当地的人文因素和自然条件密切相关的。越有本土性，就越有艺术特点（图3-1）。

人们常说的风格，是指艺术创作中的个性及艺术特色；而流派则是学术、文艺方面的派别。室内设计的风格和流派，属于室内环境中的艺术造型和审美功能范畴。

大家知道，室内设计的风格和流派往往是与建筑风格以及家具的风格和流派紧密结合的；有时也受相应时期的绘画、雕塑等造型艺术，乃至文学、音乐等的风格和流派影响。

风格虽然表现于形式，但风格具有艺术、文化、社会发展等深刻的内涵。从这一深层含义来说，风格又不停留于或等同于形式。

在这里，需要着重说明的是，一种风格或流派一旦形成，它又能积极或消极地影响文化、艺术以及诸多的社会因素，并不仅仅局限于作为一种形式表现和视觉上的感受。

室内设计的风格主要可分为传统风格、现代风格、后现代风格、自然风格及综合风格等。下面，我们就这五种室内设计风格进行认识和赏析。

图3-1

1．传统风格

传统风格主要指19世纪前世界各国建筑装饰风格倾向，由东方和西方两大主流文化构成。

（1）欧洲传统风格

欧洲传统风格以拜占庭式、罗马式、哥特式、文艺复兴式、巴洛克式、洛可可式为代表（图3-2至图3-5）。美学上以较强的程式化和复杂的装饰为特点，以体现宗教、政治权利文化为背景的建筑装饰风格。

图3-2

图3-3

图3-4

图3-5

（2）东方传统风格

东方传统风格以中国、印度、古巴比伦为代表，以佛教和伊斯兰教两大宗教文化为背景的建筑装饰风格。美学上同样以较强的程式化和复杂的装饰为特点。传统风格给人以历史延续和地域文脉的感受，使室内环境流露出民族文化及历史渊源，有较强的人文气息（图3-6至图3-8）。

图3-6 中国古典传统风格

图3-7 印度传统风格　　　　图3-8 日本传统风格

2. 现代风格

现代风格起源于1919年成立的包豪斯学派，该学派强调打破旧传统，注重创新，重视功能和空间组织，注意发挥结构本身的形式美，造型简洁，反对多余装饰，崇尚合理的构成工艺，注重材料的性能，讲究材料的质地和色彩的配搭。包豪斯学派重视实际的工艺制作，强调设计与工业生产的联系（图3-9至图3-13）。

图3-9

图3—10

图3—11

图3—12

图3—13

3．后现代风格

　　"后现代主义"一词最早出现在西班牙作家德·奥尼斯1934年的《西班牙与西班牙语类诗选》一书中，用来描述现代主义内部发生的逆变，特别有一种现代主义纯理性的逆反心理，即为后现代风格。20世纪50年代，美国在所谓现代主义衰落的情况下，也逐渐形成后现代主义的文化思潮。受60年代兴起的大众艺术的影响，后现代风格对现代风格中纯理性主义倾向进行批判，它强调建筑及室内装潢应具有历史的延续性，但又不拘泥于传统的逻辑思维方式，探索创新造型手法，讲究人情味，常在室内设置夸张、变形的柱式和断裂的拱券，或把古典构件的抽象形式和简化形式以新的手法组合在一起，即采用非传统的混合、叠加、错位、裂变等手法和象征、隐喻等手段，来创造一种融合感性与理性、集传统与现代、集行家与大众于一体的建筑形象与室内环境。（图3-14至图3-16）

图3—14

图3—15

图3—16

4．自然风格

自然风格倡导人类回归自然，美学上推崇自然美、贴近自然，才能在当今高科技、快节奏的社会生活中，使人们获得生理和心理上的快慰，因此室内多用木料、织物、石材等天然材料，显示天然材料的纹理，给人以自然朴实、真实、典雅之感。

田园式风格由于其宗旨和手法的类同，也可纳入自然风格一类，只是田园风格在室内环境中力求表现悠闲、舒畅、完全贴近自然的生活情趣，如庭院、民居、山庄、会所等都属于这类（图3-17至图3-20）。

5．综合风格

近年来，建筑设计和室内设计在总体上呈现出多元化、兼容并蓄的状况。室内布置中也出现了既趋于现代实用、又吸取传统的文化特征，在装潢与陈设中融古今中外于一体。例如，用传统的家具、现代简约的沙发，配以现代风格的墙面及门窗装修；欧式古典的琉璃灯具，埃及的陈设、小品，等等。混合型风格虽然在设计中不拘一格，形式多样，但在设计中仍然需以满足功能要求为前提，去推敲形态、色彩、材质等方面的总体构图和视觉效果（图3-21）。

①综合材料。在形态单纯的前提下，可以巧妙运用不同质地的材料搭配组合，创造出人们意料之中的自然材质效果，主要强调材质属性美感。

②综合形式。应用不同年代、不同地域、不同格调的元素，通过设计师的各种造型手法营造出中西合璧的丰富的视觉感受。

图3-17

图3-18

图3-19

图3-20

图3-21

实践任务二
室内设计发展趋势

科技的发展，为设计创作提供了新的理论研究和实践契机，也使室内设计的发展面临新的冲击。创新的设计思维、先进的技术成果通过各种媒介迅速传播，各种地域文化的相互沟通与交流，加速了室内设计的融合与趋同。在设计创作中，新材料、新工艺、新技术手段，使室内空间在造型和功能上有了突破性的发展，"绿色"、"环保"等口号已深入人心。总的来说，室内设计有以下几种发展趋势：

1．生态化

室内设计应该以人类的健康和发展为根本，最大限度地提高能源和材料的使用效率，减少污染和能耗。创造舒适、健康的绿色环境，从生态角度设计室内环境成为未来室内设计发展的必然趋势。

2．绿色环保

20世纪末，随着居住密度的增大，环境负荷日趋加重，人类生存的环境质量下降，人们越来越重视室内空间的健康与环境质量，提倡低碳生活。具体体现在充分利用自然光线、自然空气流动、自然绿化配置；减少对人工能源、不可再生资源的依赖；减少物质浪费和环境破坏，从而获得更宜居、更舒适的人类活动环境。所以，在室内设计中应遵循以下几个基本原则：

①尽量使用对人体健康无害的材料，减少挥发性有机化合物的使用；

②设置性能良好的通风、换气设备，有些环境还要处理好夜间换气问题；

③排污及排污处理设备；

④降噪材料的利用。

3．标准化

随着社会化大生产的提高，住宅空间设计已经逐步发展成为规范化、标准化、工业化的社会产物，室内设计及装饰成为一种社会的产品。其主要原因，一是，由于室内空间建筑本身采用了标准的设计方案、建筑体系、建筑材料等因素。二是，由于建筑材料的批量化生产，有了标准的尺寸和规格。三是，现代室内设计讲究功能，质量和效益的最优化，装修部件标准化成为现代室内设计的一个特征。

4．科学化、智能化

科学推动社会的发展，同时也提高了室内空间的品质。主要体现在先进的楼宇自动化系统、通信自动化系统、报警自动化系统，为人们提供了一个高效舒适的室内环境。因此，科学技术在室为设计中发挥的作用，不再是原始的对于装饰材料工业生产的促进，而是对整个室内空间设计观念的影响。所以室内空间的科学化、智能化是现代设计的一种必然优势。其内容主要体现在以下几个方面：

①新技术、新材料、新工艺的运用；

②科学的设计思维、设计方法；

③环境的科学管理和智能化的设备应用。

实践任务三
室内设计的基本原则

1．安全原则

近年来，各地因装修引起的住宅安全危害投诉案件日益上升，这不能不引起广大业主和从业人员的高度警惕。造成这一现象的主要原因，一是从业人员的素质不够，缺乏建筑结构知识；二是业主片面追求装修效果，或为扩大使用面积随意推、打墙体，最终酿成大祸。因此，室内空间设计首先要以安全为前提，不能随意改变建筑承重构件和建筑的使用功能，并且应选用防水、防滑、无污染、能承受用电负荷等方面的安全材料。

2．空间组织原则

室内空间设计简单地说就是如何利用室内空间的问题。室内空间从形态上可以分为封闭空间、开敞空间、静态空间、动态空间、结构空间、悬浮空间、流动空间、虚拟空间、虚幻空间、共享空间、母子空间、交错空间、凹入空间、外凸空间、上升式空间、下沉式空间等类型。他们之间的关系是相对独立的，也可以是相互融合、交错的。空间设计是以人的生活习惯，包括生理、心理等行为因素为依据的，它决定着空间的形态、大小、方向、序列长短，是空间设计的核心，也是空间组织的基本要素。

3．造型原则

室内空间造型主要体现在各界面上。各界面的形态、色彩、材质选择构成空间的整体效果，这三个方面是一个统一的整体，相互影响、相互制约，共同组成空间的造型形态。形态、尺度、材质是空间造型需要把握的基本元素。

4．美学原则

室内空间设计除了满足人们工作、学习、生活所需要的各种功能要求以外，就是要满足人们在美学方面的要求。要创造一个美的空间环境，就应该遵循美学的基本法则：即统一与变化、节奏与韵律、对称与均衡、比例与尺度等关系。

5．行为心理学原则

人的动作和行为有各种习惯。有人会在面向门时下意识的推门，很多人都认为一推就开的门实际上却因为是拉门而推不开。人的这种动作、行为倾向或习惯是有共通性的。空间与人的行为及习惯有着密切的关系。在行为、习惯的前提下，空间可以诱导和加强这种行为和习惯，如书房除了满足阅读和写作的基本功能外，更重要的是空间的氛围可顺应和强化这种行为。

6．空间与环境心理学原则

环境心理学主要研究人所居住、工作的环境对人的心理产生的影响，同时也对其居住、工作环境提出了要求，如视觉，听觉、触觉、嗅觉对光色、声音等产生的反映。

7．私密性与领域性原则

人的根本需要在对空间环境的使用时表现为两个重要特征。这就是私密性与领域性。私密性要求人受到最起码的尊重和个体行为自由。领域性原则要求人的安全不受外界袭挠与环境刺激。

赏析篇

[综　述]

　　本篇针对前面已学过的知识，对学生进行一次综合应用练习，目的是考察学生对室内设计知识的认知程度。在学生应用范例后，又附加了部分教师应用范例，以兹参考、欣赏。

　　•学生应用范例　　（图4-1至图4-34）

　　•教师应用范例　　（图4-35至图4-40）

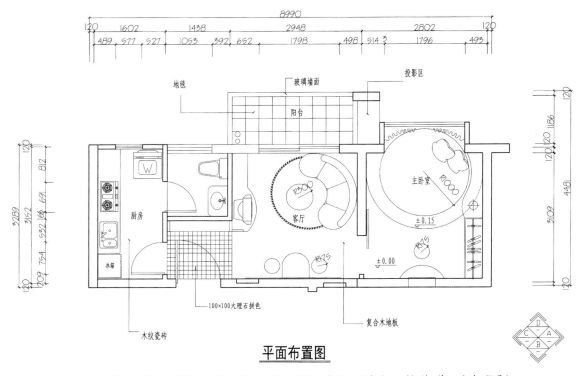

平面布置图

图4—1 圆形家具可获得美学形式上的统一，富有时代气息、温馨、浪漫、具有个性（杨蒋 作 施鸣 指导）

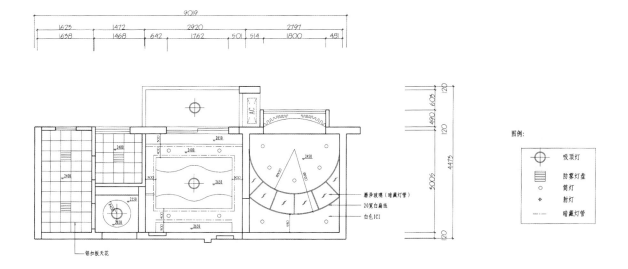

天花布置图

图4—2 客厅和卧室天棚造型形态元素略偏多，做一点减法为宜（杨蒋 作 施鸣 指导）

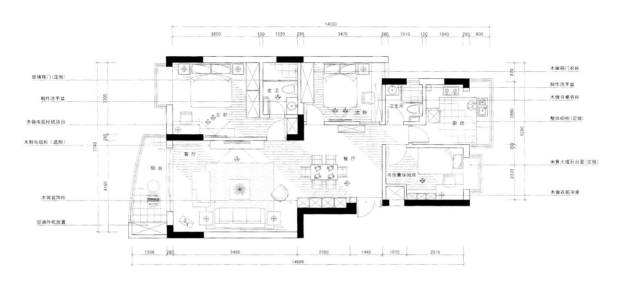

图4-3 平面布置图（游静 作 施鸣 指导）

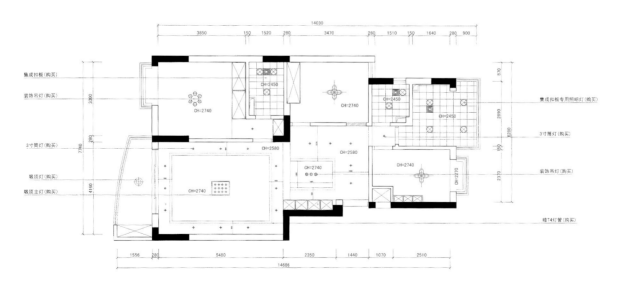

图4-4 顶面布置图（游静 作 施鸣 指导）

图4-5 透视线条组织有节奏、有变化，窗台画短点画面效果会更好一点（游静 作 施鸣 指导）

图4-6 天棚造型处理略显草率，地毯选红色太突然（游静 作 施鸣 指导）

图4-7　色调协调，画得较轻松，电视墙色块再整体点更好（李璐汕 作　施鸣 指导）

图4-8　表现了卧室六面的图底关系，减弱天棚和地面色彩，强调突出墙面效果，言简意赅（李璐汕 作　施鸣 指导）

图4-9　卧室兼容书房，较好地表达了空间的心理环境，表现技法粗中有细（李璐汕 作　施鸣 指导）

图4-10　色调典雅、高贵，但是过多的弧线造型影响了整体效果
（李杰 作　施鸣 指导）

图4-11　色调清馨淡雅，重色处理恰到好处，材质配搭合理
（李杰 作　施鸣 指导）

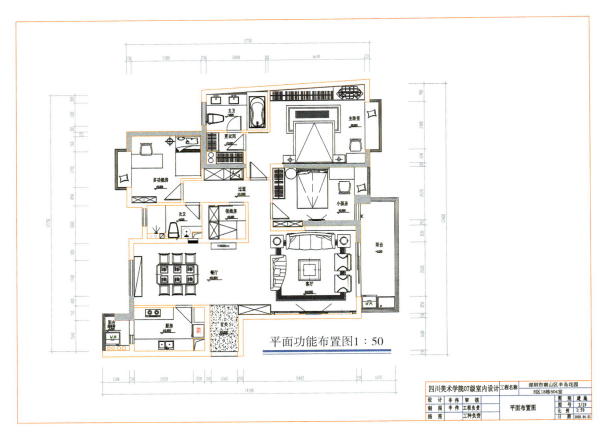

图4-12　充分利用空间，布局合理、秩序井然、功能完善、制图严谨，但是图式欠规范，尤其是线型，应注意区别（辛伟 作
施鸣 指导）

图4—13　灯具布置合理，疏密有致，造型富有变化，图式清爽，但线型没有分出层次（辛伟 作　施鸣 指导）

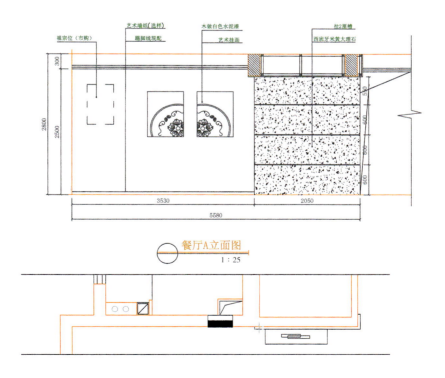

图4—14　造型简洁，材料设计搭配合理，构图均衡（辛伟 作　施鸣 指导）

图4—15　线条流畅，张弛有度，刚柔相济，富有变化，赋色轻松透明、优雅（杨长泉 作　施鸣 指导）

图4—16　富有田园式的浪漫设计，重点突出了家具及配饰（杨长泉 作　施鸣 指导）

图4—16 赋色生动、流畅、床上织品表现略显生硬（龙川 作 施鸣 指导）

图4—17 金色调子配紫色窗帘及沙发对比太强，可换近似色对比，效果会好些（龙川 作 施鸣 指导）

图4—18 平面与立面的色度略近，画面亮色应留在茶几上，而不是顶上，整体效果将会更好（龙川 作 施鸣 指导）

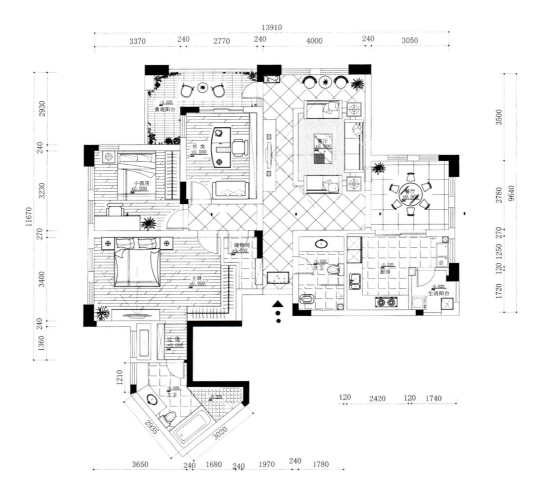

图4-19　家具在空间的尺度上把握较好，并能熟练掌握CAD软件（文学松 作　施鸣 指导）

图4-20　能表达出较复杂的内容，而且不乱方寸、色调统一中有变化，不足之处是电视机处理不够仔细（文学松 作　施鸣 指导）

图4-21　Photoshop应用软件较熟练，尤其是材料表现宜有深度，不足之处是画面色彩偏"火"，降点色彩纯度会更好（文学松 作　施鸣 指导）

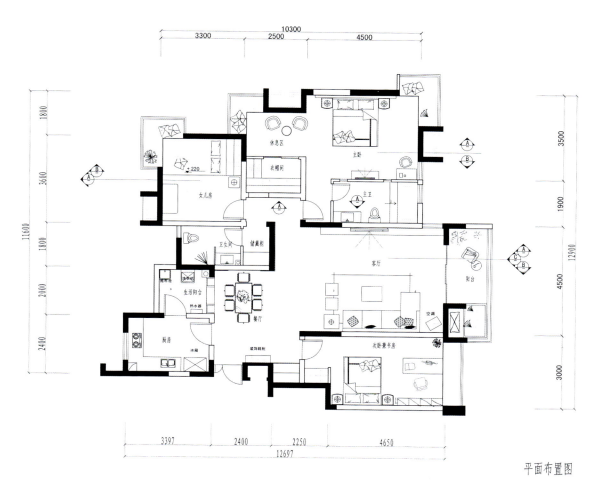

平面布置图

图4-22 空间布局合理，安排得当，只是各空间功能设计不够完善，如客厅缺少展示功能和绿化配置等元素（李慧君 作 施鸣 指导）

图4-23 环境氛围较强，造型尺度合理，能表达出主人热情性格和对生活认真的态度（李慧君 作 施鸣 指导）

图4-24 直线与几何形态构成现代与将来的造型主题贯穿作者意图的始终（李慧君 作 施鸣 指导）

图4-25　横线偏多会使空间显得低矮，适当增加垂直线，可改善其视觉效果（杨菊、丁倩 作　施鸣 指导）

图4-26　有的时候，室内的趣味中心处理完全可以不在内部空间，窗外也许是湖泊或大海（杨菊、丁倩 作　施鸣 指导）

图4-27 用"草图大师"绘制预想图得到的"答案"往往是肯定的
（任培铭 作 施鸣 指导）

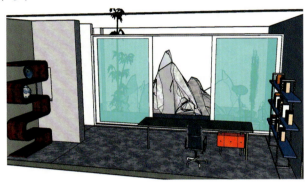

图4-28 传统风格可以用现代手法去演绎，关键是要找到适合它的元素（任培铭 作 施鸣 指导）

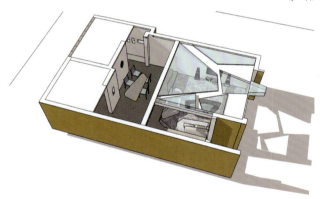

图4-29 用一种图形元素贯穿设计始终，只要适度，也不会觉得单调
（任培铭 作 施鸣 指导）

图4-30 这些沙发会让你产生坐在海边礁石上的联想（任培铭 作 施鸣 指导）

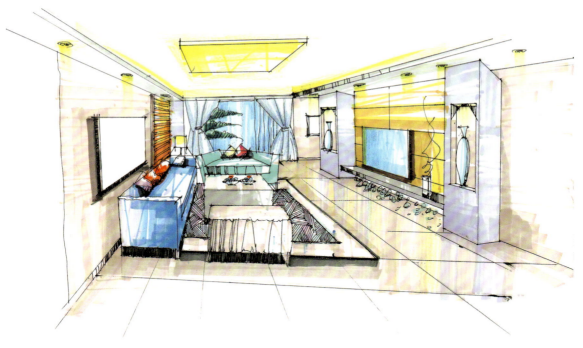

图4—31 适当的应用对比色让空间充满朝气（姚家盼 作 施鸣 指导）

图4—32 冰冻三尺非一日之寒，掌握一种技能关键是熟练和勤练（姚家盼 作 施鸣 指导）

图4-33 巧妙的构图正确的透视、会延展空间的尺度，激发设计想象力（郭鹊 作 施鸣 指导）

图4-34 界面的造型有时确实是多余的，突出家具及配饰并不觉得室内单调（郭鹊 作 施鸣 指导）

图4-35　成都某水疗会所室内设计（郑强、林雪松　作）

图4-36　成都某水疗会所室内设计（郑强、林雪松　作）

图4-37　餐厅设计一（苏兵　作）

图4-38 餐厅设计二（苏兵 作）

图4—39　酒店客房设计（熊克强　作）

图4-40 走廊设计（熊克强 作）

综合练习：取一室一厅公寓式住宅户型图一张。设计一套风格倾向明确的住宅空间方案（含快色预想图）。

要　　求：A3打印纸手绘（可使用铅笔）。

参考文献

[1] 来增祥，陆震纬.室内设计原理 [M].北京：中国建筑工业出版社，1996.

[2] 沈渝德，刘冬.住宅空间设计教程 [M].重庆：西南大学出版社，2006.

[3] 尹定邦.设计学概论 [M].长沙：湖南科学技术出版社，2001.

[4] 张绮曼，郑曙旸.室内设计资料集 [M].北京：中国建筑工业出版社，1991.

[5] 张月.室内人体工程学 [M].北京：中国建筑工业出版社，1999.

[6] 朱福熙.建筑制图 [M].北京：人民教育出版社，1982.

[7] 21st Century Hotel Graham Vickers [M].Laurence King Publishing，2005.

[8] 《和风住宅》（株）ハウヅソゲ企画社。